国家级一流本科专业建设成果教材

高分子材料与工程系列
Polymer Materials and Engineering

高分子加工实验

Experiments of Polymer Processing

阮文红　李　谷　主编　符若文　王小妹　副主编

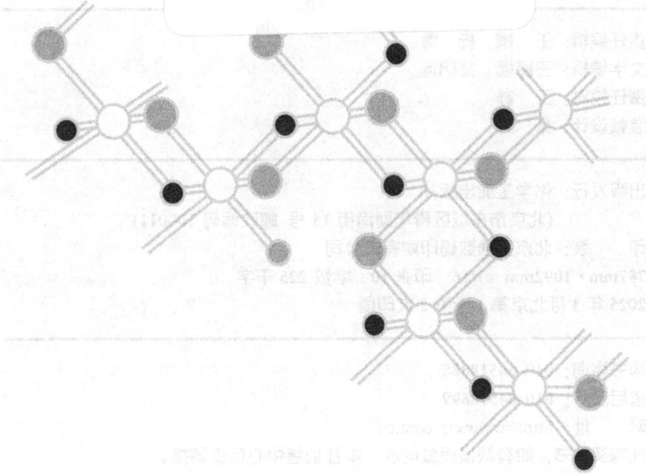

化学工业出版社
·北京·

内容简介

本书是高等院校高分子材料与工程专业以及材料类、化工类专业本科生的重要课程——高分子加工实验的教材，依据“双一流”“新工科”人才培养策略，编写体系既系统地强化高分子加工基础知识及技能，又有提高和创新。本书内容包括高分子材料加工实验的基础知识、5个高分子原材料性能测定实验、25个高分子材料成型加工实验、8个高分子材料综合与设计实验，涉及材料成型前、中、后处理，回收加工以及综合创新应用等。从高分子材料加工的分子链结构特征、热性质、流变性质及结构稳定性等基础知识出发，指导学生了解原材料的加工性能，掌握原材料用料选择、适合的加工工艺及制备复合合金材料的方法。

本书可作为高等院校高分子材料与工程专业以及材料类、化工类专业本科生教材，也可供从事高分子材料研究、开发和应用的研究人员和工程技术人员参考。

图书在版编目(CIP)数据

高分子加工实验 / 阮文红，李谷主编；符若文，王小妹副主编．—北京：化学工业出版社，2022.9（2025.3 重印）
ISBN 978-7-122-41877-7

Ⅰ. ①高… Ⅱ. ①阮… ②李… ③符… ④王… Ⅲ. ①高分子材料-加工-实验-教材 Ⅳ. ①TB324-33

中国版本图书馆 CIP 数据核字(2022)第 128673 号

责任编辑：王 婧 杨 菁
文字编辑：王丽娜 师明远
责任校对：王 静
装帧设计：张 辉

出版发行：化学工业出版社
(北京市东城区青年湖南街 13 号 邮政编码 100011)
印 装：北京盛通数码印刷有限公司
787mm×1092mm 1/16 印张 10 字数 225 千字
2025 年 3 月北京第 1 版第 2 次印刷

购书咨询：010-64518888
售后服务：010-64518899
网 址：http://www.cip.com.cn
凡购买本书，如有缺损质量问题，本社销售中心负责调换。

定 价：39.00 元

前言

高分子加工作为高分子材料成型的一个重要环节，不仅决定高分子制品的外观形貌，也影响其微观结构及产品性能。近年来，随着高分子材料合成及加工技术的迅速发展，新型高分子材料不断涌现，高分子制品正越来越广泛地被应用到社会生活的各个领域。同时，在国家“双碳”战略大方向的指引和新能源等行业高速发展的带动下，对高分子材料及其制品都提出了新的需求和要求。为此，学习和掌握高分子加工技术对高分子从业者及相关专业学生显得尤为重要，而开展高分子加工实验是从应用入手深入掌握高分子加工技术的重要途径，为促进相关学校和企事业单位顺利开展高分子加工的实验教学，亟需一本全面介绍高分子加工技术的实验教材。

本教材在多年高分子加工实验教学讲义的基础上，将整个教材总结为高分子材料加工实验基础知识、高分子原材料性能评价、高分子材料成型加工实验以及高分子材料综合与设计实验四个单元，共 38 个实验。首先，从高分子基础知识及原材料流变性、密度、吸水性及重金属含量的评价出发，学习了解原材料的加工性能以便选择合适的加工方法。然后，详细介绍了高分子材料传统以及创新的加工方法，包括挤出成型、注射成型、模压及层压成型、压延及流延成型、中空吹塑及吸塑成型、发泡成型、3D 打印成型，以及高分子纺丝、熔喷非织造布、水性油墨印刷、丝网印刷、塑料焊接、塑料回收利用等其他加工技术。在此基础上，选取一些科研中具有特殊应用的高分子材料题材，独具特色地形成了 8 个综合与设计实验，涉及增强、增韧高分子材料及具有阻燃、导电等特殊功能的高分子材料加工制备技术路线及结构与性能测定方法，意在引导学生学会通过查阅文献设计实验，学会独立思考并深入探究高分子加工工艺与材料结构及性能的关系，提高创新思维能力，完成知识的升华和再创造，由此帮助学生深入掌握高分子加工技术。

本教材第一单元和实验三十一到实验三十六由阮文红编写；实验一到实验五，以及实验三十七由符若文编写；实验六到实验十四、实验十七到实验二十四、实验二十六、实验三十由李谷编写；实验十五由李谷和王小妹共同编写；实验十六、实验二十五、实验二十七到实验二十九、实验三十八由王小妹编写。全书第一单元和第四单元由阮文红统稿，第二单元和第三单元由李谷统稿。

感谢中山大学实验教材建设专项对教材出版的资助。本书的编写得到聚合物复合及功能材料教育部重点实验室、广东省高性能树脂基复合材料重点实验室、中山大学化学学院同事们的支持和帮忙，也得到国内外高分子界同仁的关心和指导。在此一并表示感谢！

限于编者水平有限，书中的疏漏和不足之处在所难免，敬请读者批评指正。

编　者

2022 年 1 月

目录

第四单元 高分子材料综合与设计实验 129

第一单元　高分子材料加工实验基础知识

高分子材料，也称聚合物材料，是继金属材料和无机非金属材料之后出现的以聚合物为基体的新一代材料。虽然许多高分子材料仅由聚合物组成，但是大多数高分子材料都需要添加各种添加剂，从而提升其各种实用性能或改善其成型加工性能。按应用特性分类，高分子材料主要分为塑料、橡胶、纤维、涂料、胶黏剂及高分子复合材料等，其中塑料、合成橡胶和合成纤维的应用领域更广，世界年产量较大，因此合称三大合成高分子材料。

一方面，高分子材料根据其类型的不同在加工成型时需要添加不同类型的添加剂，例如，增塑剂、稳定剂、填料、硫化剂、补强剂、颜料、润湿剂等。由此可见，高分子材料的组成比较复杂，在进行加工之前，不仅需要了解其基础组分聚合物的性质和性能，还要研究其他各种原材料的特性和作用。另一方面，高分子材料是通过各种适当的加工工艺而制成的，例如注射、挤出、压延、吹塑、开炼、密炼、压制等。不同的成型加工工艺会使高分子材料的形态和结构发生显著变化，从而改变材料的性能。因此，对高分子材料进行加工，不仅要适应化学结构不断变化的各种新型高分子聚合物的出现，综合各种填料助剂的作用，而且要通过成型加工，在材料制品中实现甚至优化体现材料性能的分子聚集架构，从而获得具有一定外形且又有使用价值的物件或定型材料。

第一节　高分子材料的特性

高分子加工是一门实用性很强的学科，作为基本技能的训练，高分子加工实验是高分子教学的重要环节。高分子加工实验中所涉及的主要原料为塑料及相关的添加剂。根据聚合物原材料和添加剂本身不同的性能特点，成型加工方法的挑选和实施也有所不同。因此，在开展高分子加工实验之前，有必要对实验中的原材料特性和添加剂特性进行简要的介绍。

一、原材料的特性

塑料是以天然树脂或合成树脂为主要成分，加入各种添加剂，在一定温度和压力等条件下可以制成一定形状，且在常温下保持形状不变的材料。塑料本身的化学结构和微观物理形态决定了塑料的加工特性，而塑料又只有通过加工成型才能获得所需的形状、结构和性能。因此，本部分将介绍和列举部分塑料的热性能、电性能、渗透性能和力学性能等指标。

高分子材料的热性能通常通过热导率、比热容和热膨胀系数来表征。高分子材料的热导率与其凝聚态结构有关。结晶高聚物晶区的分子链排列长程有序，有利于原子热振动在分子内传播，因此结晶高聚物的热导率一般相对较高。非晶高聚物的热导率则与分子量有关，分子量越大，热导率越高，这是由于热振动更易沿着分子链进行传递。另外，高聚物分子链的取向也对其热导率有很大的影响，低分子量增塑剂的加入也会使聚合物的热导率下降。高分子材料的比热容主要由本身的化学结构决定，一般在 1～3kJ · kg^{-1} · K^{-1} 之间，热膨胀系数则随温度的升高而增大，一般在 4×10^{-5}～$3\times10^{-4}K^{-1}$ 之间。高分子材料的比热容和热膨胀性比金属材料和无机材料要大。部分常见高分子材料的热性能如表 1-1 所示。

表 1-1　部分常见高分子材料的热性能

高分子材料	热导率/W · m^{-1} · K^{-1}	比热容/kJ · kg^{-1} · K^{-1}	线性热膨胀系数/$10^{-5}K^{-1}$	90d 以上使用温度/℃
聚甲基丙烯酸甲酯	0.19	1.39	4.5	120～130
聚苯乙烯	0.16	1.20	6～8	<80
聚氨基甲酸酯	0.31	1.76	10～20	—
聚氯乙烯（无增塑剂）	0.16	1.05	5～18.5	89～90
聚氯乙烯（含增塑剂 35%）	0.15	—	7～25	60～70
低密度聚乙烯	0.35	1.90	13～20	70
高密度聚乙烯	0.44	2.31	11～13	80
聚丙烯	0.24	1.93	6～10	100～120
共聚甲醛	0.23	1.47	10	100
尼龙 6	0.31	1.60	6	>150
尼龙 66	0.25	1.70	9	>160
聚对苯二甲酸乙二醇酯	0.14	1.01	—	120
聚四氟乙烯	0.27	1.05	10	>250
聚三氟氯乙烯	0.14	0.92	5	>200
环氧树脂	0.17	1.05	6	95～100
氯丁橡胶	0.21	1.70	24	—
天然橡胶	0.18	1.92	—	—
氟碳弹性体	0.23	1.66	16	—
聚酯弹性体	—	—	17～21	—
聚异丁烯	—	1.95	—	88
聚醚砜	0.18	1.12	5.5	—

高分子材料的电学性质是指聚合物在外加电场作用下的行为，及其所表现出来的各种响应。对于高分子材料的电学性能，早期关注的是其高电阻的特性，但随着功能高分子的

研究与开发，具有导电功能的高分子材料也渐渐进入人们的视野当中，在储能器件、电致发光器件以及传感器上也有很好的发展前景。高分子材料的电学性能主要由其本身的化学结构决定，受显微结构的影响较少。在不同频率和强度的电场下，高分子材料的电学特性会有所不同，常用电阻率、介电常数、介电损耗等参数进行表征。

聚合物的体积电阻率一般随着充电时间的增加而增加，因此常采用充电1min的体积电阻率来表征。介电常数是一个无量纲的量，用来表征电介质储存电荷能力的大小。介电常数越大，电介质的电容越大。介电常数的大小取决于电介质的极化程度。因此根据偶极矩的大小可以大致判断出高分子材料的介电常数范围。聚合物极性与介电常数的关系如表1-2所示。

表1-2 聚合物极性与介电常数的关系

聚合物	偶极矩μ/D	介电常数ε
非极性聚合物	0	2.0～2.3
弱极性聚合物	0～0.5	2.3～3.0
中极性聚合物	0.5～0.7	3.0～4.0
强极性聚合物	>0.7	4.0～7.0

注：$1D=3.33\times10^{-30}C\cdot m$。

介电损耗是指电介质在交变电场中因发热而损失的能量。聚合物的介电损耗与其力学松弛的原理基本一致。在外加交变电场的作用下，聚合物分子中偶极子取向的松弛时间与交变电场的频率产生相位差时就会产生介电损耗。当外加交变电场的频率过低或者过高，偶极子的取向跟得上或者完全跟不上电场的变化时，介电损耗都会相对较小。除此之外，电介质中存在微量杂质而引起的漏导电流也会产生介电损耗。

部分常见高分子材料的电学性能如表1-3所示。

表1-3 部分常见高分子材料的电学性能

高分子材料	体积电阻率/Ω·m	介电强度/kV·cm^{-1}	介电常数		功率因素	
			60Hz	10^6Hz	60Hz	10^6Hz
聚四氟乙烯	$>10^{20}$	180	2.10	2.10	<0.0003	<0.0003
低密度聚乙烯	10^{20}	180	2.30	2.30	<0.0003	<0.0003
聚苯乙烯	10^{20}	240	2.55	2.55	<0.0003	<0.0003
聚丙烯	$>10^{19}$	320	2.15	2.15	0.0008	0.0004
聚甲基丙烯酸甲酯	10^{16}	140	3.70	3.00	0.06	0.02
硬聚氯乙烯	10^{17}	240	3.20	2.90	0.013	0.016
软聚氯乙烯①	10^{15}	280	6.90	3.60	0.082	0.089
尼龙66②	10^{15}	145	4.00	3.40	0.014	0.04
聚碳酸酯	10^{18}	160	3.17	2.96	0.0009	0.01

续表

高分子材料	体积电阻率 /Ω · m	介电强度 /kV · cm^{-1}	介电常数		功率因素	
			60Hz	10^6Hz	60Hz	10^6Hz
酚醛树脂③	10^{13}	100	5.0～9.0	5.00	0.08	0.04
脲醛树脂③	10^{14}	120	4.00	4.50	0.04	0.3
聚醚醚酮	$>10^{15}$	513	2.18	—	—	0.017

① 59%聚氯乙烯树脂，30%邻苯二甲酸二（2-乙基己）酯，5%填料，6%稳定剂。

② 含水 0.2%。

③ 普遍用于压塑模塑。

注：介电强度测定皆为 3.2mm 样品。

高分子材料是通过大分子链之间的次价键作用聚集而成的。与共价键相比，分子间的次价键作用力要弱得多，因此聚合物分子间存在着能让液体分子或者气体分子渗透的空隙。分子从高浓度侧自然扩散到低浓度侧称为渗透或渗析，在外加压力下从低浓度侧向高浓度侧扩散则称为反渗透。分子在穿过高分子材料时，会先溶解在聚合物内，然后再向另一侧扩散，最后在另一侧溢出。因此，高分子材料的渗透性能与分子在其中的溶解性能有关，而分子在高分子材料中的溶解性能则与聚合物本身的化学结构和凝聚态结构有关。通常聚合物的结晶度越高，渗透性越小。另外，由于大部分的气体都是非极性的，带有极性基团的高分子材料对其的渗透性较低。表 1-4 为部分常见高分子材料对 N_2、O_2、CO_2 和水蒸气的渗透系数。

表 1-4 部分常见高分子材料对 N_2、O_2、CO_2 和水蒸气的渗透系数

高分子材料	气体或蒸汽渗透系数×10^{10}/cm^3（标准状态）· mm · cm^{-2} · s^{-1} ·（cmHg）$^{-1}$			
	N_2	O_2	CO_2	H_2O
乙酸纤维素	1.6～4	4.0～7.8	24～180	15000～106000
氯磺化聚乙烯	11.6	28	208	12000
环氧树脂		0.49～16	0.86～14	
天然橡胶	84	230	1330	30000
酚醛塑料	0.95			
聚酰胺	0.1～0.2	0.36	1.6	700～17000
聚丁二烯	64.5	191	1380	49000
丁腈橡胶	2.4～25	9.5～82	75～636	10000
丁苯橡胶	63.5	172	1240	24000
聚碳酸酯	3	20	85	7000
氯丁橡胶	11.8	40	250	18000
聚乙烯	3.5～20	11～59	43～260	120～200
聚对苯二甲酸乙二醇酯	0.05	0.3	1.0	1300～3300
聚甲醛	0.22	0.38	1.9	5000～10000

续表

高分子材料	气体或蒸汽渗透系数×10^{10}/cm^3（标准状态）· mm · cm^{-2} · s^{-1} ·（cmHg）$^{-1}$			
	N_2	O_2	CO_2	H_2O
异丁烯-异戊二烯共聚物（98：2）	3.2	13	52	400～2000
聚丙烯	4.4	23	92	700
聚苯乙烯	3～80	15～250	75～370	10000
苯乙烯-丙烯腈共聚物	0.46	3.4	10.8	9000
聚四氟乙烯				360
聚氨酯	4.3	15.2～48	140～400	3500～125000
聚乙烯醇				29000～140000
聚氯乙烯	0.4～1.7	1.2～6	10.2～37	2600～6300
氯化橡胶	0.08～6.2	0.25～5.4	1.7～18.2	250～19000
硅橡胶		1000～6000	6000～30000	106000

注：1cmHg=1333.22Pa。

对于高分子材料，力学性能是衡量其应用性能的重要参数。大多数高分子材料在实际应用当中必须具备一定的机械强度。机械强度是指材料所能承受的最大应力，是抵抗外力破坏能力的量度。对于不同的外界机械作用和破坏力有不同意义的强度指标，且为了方便比较，规定了几种简化的强度实验方法和力学性能评价标准。常用的标准有 ISO 标准、ASTM 标准和中国国家标准等。评价高分子材料机械强度的常用指标有拉伸强度和模量、弯曲强度和模量、断裂伸长率等。表 1-5 为部分常见高分子材料的拉伸和弯曲性能参数。

表 1-5　部分常见高分子材料的拉伸和弯曲性能参数

高分子材料	拉伸强度/MPa	拉伸模量/GPa	断裂伸长率/%	弯曲强度/MPa	弯曲模量/GPa
低压聚乙烯	22～28	0.82～0.93	60～150	24～39	1.1～1.4
聚苯乙烯	34～62	2.1～3.4	1.2～2.5	60～96	
ABS 塑料	17～62	0.7～2.8	10～140	25～93	2.9
聚甲基丙烯酸甲酯	48～76	3.1	2～10	90～117	
聚丙烯	33～41	1.2～1.4	200～700	41～56	1.2～1.6
聚氯乙烯	34～62	2.5～4.1	20～40	68～110	2.4～2.6
尼龙 6	73～77	2.6	150	98	2.8～2.9
尼龙 66	81	3.1～3.2	60	98～110	2.6
聚甲醛	61～68	2.7	61～68	89	2.0～2.9
聚碳酸酯	66	2.2～2.4	60～100	96～104	2.7
聚砜	70～83	2.5～2.8	20～100	106～125	3.1
聚酰亚胺	93		6～8	>98	2.0～2.1
聚苯醚	85～88	2.5～2.7	30～80	96～134	0.9

续表

高分子材料	拉伸强度/MPa	拉伸模量/GPa	断裂伸长率/%	弯曲强度/MPa	弯曲模量/GPa
氯化聚醚	42	1.1	660～160	67～76	3.3
聚苯硫醚	78		21	147	
聚四氟乙烯	14～25	0.4	250～350	11～14	

由于聚合物具有分子量巨大及其分子链结构所带来的运动单元多重性的特殊性，高分子材料呈现出与小分子材料不同的特点。高分子材料在力学性质上最大的特点在于其可以同时表现出明显的弹性和黏性特征，这被称为高分子材料的力学松弛性质，即黏弹性。黏弹性即高分子材料的力学性质随时间变化的现象，分为静态黏弹性和动态黏弹性。静态黏弹性指应力或应变其中一方恒定时另一方随时间变化的现象，包括蠕变和应力松弛。而在实际应用中，应力和应变同时随时间变化的现象则更为常见，例如传送带、轮胎、消振器等。这种在交变应力或交变应变作用下的动态力学行为即动态黏弹性，包括滞后和力学损耗。

影响高分子材料黏弹性的关键因素是其本身的分子结构。对于高分子材料的蠕变现象，分子主链呈刚性的聚合物具有更好的抗蠕变性能，而线型玻璃态柔性链聚合物则蠕变性较大。分子中的交联结构可以有效防止柔性分子链间的滑移，使抗蠕变性能提高。结晶聚合物中的微晶体也能起到与交联结构类似的作用。另外，在高分子材料中添加增塑剂也能增加其蠕变性能。与蠕变类似，应力松弛在本质上也是聚合物内部的分子发生运动。在外加拉伸力的作用下，分子链链段会沿着外力方向伸展成伸直链构象，并通过分子链的热运动逐步回缩到卷曲构象，达到新的平衡。交联高聚物的分子间不能滑移，因此其内应力只能松弛到一定数值。对于动态黏弹性，滞后现象一般伴随着力学损耗，发生滞后现象的循环变化过程中所消耗的能量就是力学损耗。滞后现象的本质是链段在运动时会受到内摩擦的作用，因此内摩擦力越大，滞后越明显，力学损耗就越大。聚合物分子链的柔性越强，侧基越多、越大，则其滞后现象越明显，力学损耗越大。

除了与分子内部结构有关之外，聚合物高分子材料的黏弹性还受外界温度与作用力的影响。当外界温度过高或过低、外力变化的频率过慢或过快时，聚合物的分子链完全跟得上或完全跟不上变化时，滞后现象和力学损耗就很小。一般情况下，温度在 T_g 附近时，滞后与力学损耗最严重。因此，高分子材料在不同外界环境下的黏弹性并不相同。然而高分子材料的黏弹性与材料的加工性能、加工成型后的尺寸稳定性、长期负载能力和特定的使用性能息息相关，所以了解高分子材料本身的黏弹性和影响因素才能合理地选择和运用材料。

二、添加剂的特性

高分子材料用添加剂是各种高分子材料在合成与加工过程中所需加入的各种辅助性化学物质，简称助剂，也称添加剂、配合剂等。添加剂是实现高分子材料加工成型并最大限度地发挥高分子材料制品的性能，或赋予其某些特殊功能必不可少的辅助成分，辅助只是相对于实现高分子材料制品的重要性而言。

几乎所有的材料都需要助剂，其种类比聚合物多得多，在一定程度上添加剂决定着聚合物应用的可能性与适用范围。根据塑料的使用目的和加工工艺不同（即要求解决的问题不同），所用的添加剂可以分为稳定剂、增塑剂、填充剂、润滑剂、交联剂、偶联剂等。表 1-6 是不同种类添加剂对应的功能。

表 1-6　不同种类添加剂对应的功能

塑料添加剂种类	改性功能
热稳定剂、抗氧剂、紫外线吸收剂、防霉剂	稳定化
增塑剂、发泡剂	柔软化、轻量化
润滑剂、加工助剂、增塑剂	提高加工性
润滑剂、增白剂、光亮剂、防粘连剂、滑爽剂	改善表面性能
抗静电剂	防静电
着色剂	着色
阻燃剂、不燃剂、填充剂	难燃化、不燃化
填充剂、增强剂、补强剂、交联剂、偶联剂	提高强度、硬度

以下为几种常用的添加剂。

1. 稳定剂

在加工成型和使用期间为了使材料性能保持原始值或接近原始值而在塑料配方中加入的物质称为稳定剂。它可制止或抑制聚合物因受外界因素（光、热、细菌、霉菌以及简单的长期存放等）影响而被破坏。按老化的方式不同，通常将稳定剂分为热稳定剂、光稳定剂、抗氧剂、抗臭氧剂和生物抑制剂等。其中热稳定剂、光稳定剂和抗氧剂用以捕获光、热、氧作用下产生的活性基来提高材料的稳定性，生物抑制剂则是起抗菌、除虫防兽的作用，由此来提高材料的储存性能。

2. 增塑剂

为降低塑料的软化温度和提高其加工性、柔软性或延展性，加入的低挥发性或挥发性可忽略的物质称为增塑剂，而这种作用则称为增塑作用。增塑剂通常是一类对热和化学试剂都稳定的有机物，大多是挥发性低的液体，少数则是熔点较低的固体，而且至少在一定温度范围内能与聚合物相容（混合后不会离析）。在聚合物材料中加入增塑剂后，增塑剂的分子因溶剂化及偶极力等作用而“插入”聚合物分子之间，并与聚合物分子的活性中心形成时解时结的联结点（图 1-1）。这种通过次价力作用形成的联结点（包括聚合物与聚合物之间）在一定温度下是动态平衡的。但是由于有了增塑剂-聚合物的联结点，聚合物之间原有的联

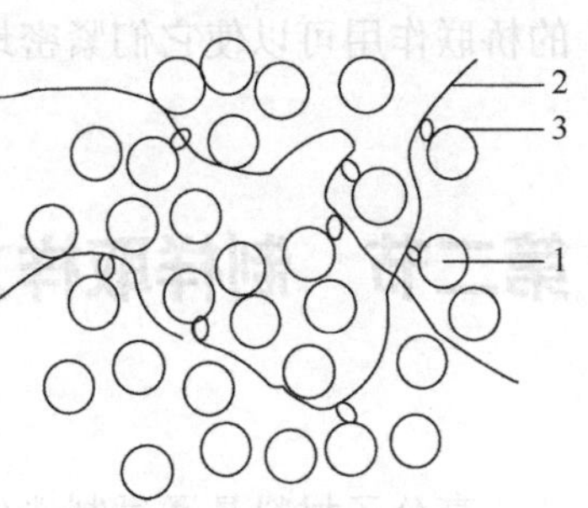

图 1-1　聚合物增塑
1—增塑剂分子；2—聚合物分子；3—增塑剂与聚合物间的联结点

结点就会减少，从而使其分子间的力减弱。经过增塑的聚合物，其软化点（或流动温度）、玻璃化温度、脆性、硬度、拉伸强度、弹性模量等均下降，而耐寒性、柔顺性、断裂伸长率等则会提高。

3. 填充剂

填充剂是一种用以填充高分子材料的物料，也称为填料。填充剂和增强剂有时难以区别，一般来说，塑料中加入填充剂的主要目的是降低塑料消耗量和成本，但它有时会降低塑料强度，有时也会起着增强和改进塑料物理性能的作用。因此，按其所产生的作用可将填充剂分为增量填充剂（也称惰性填充剂）和增强剂（也称补强剂、活性填充剂）两类。惰性填充剂一般仅起到降低成本的作用；而活性填充剂能起到一定的增强作用，一般是纤维状物质或者添加了偶联剂的填料。

4. 润滑剂

为改进塑料熔体的流动性能，减少或避免对设备的摩擦和黏附（黏附也可能由其他助剂引起）以及改进制品表面光亮度等，而加入的一类助剂称为润滑剂。可根据作用不同而分为内润滑剂和外润滑剂两类。内润滑剂与高聚物有一定的相容性，加入后可减少高聚物分子间的内聚力，降低其熔融黏度，从而减弱高聚物分子间的内摩擦。外润滑剂与高聚物仅有很小的相容性，它在加工机械的金属表面和高聚物表面的界面上形成一润滑层，以降低高聚物与加工设备之间的摩擦，起脱模剂的作用。实际上不少润滑剂兼有内润滑剂和外润滑剂的作用，如硬脂酸钙等。

5. 交联剂

交联剂是指能使线型聚合物转变成网状或体型聚合物的一类物质。橡胶用交联剂习惯上称为硫化剂，塑料用交联剂习惯称为固化剂、硬化剂。经过交联，材料的物理机械性能，如拉伸强度、抗撕裂强度、回弹性、定伸强度等提高，伸长率、永久变形下降，耐热性、高温下的尺寸稳定性和耐化学药品性能提高。

6. 偶联剂

偶联剂是一种能把两个性质差异很大的材料，通过化学或物理的作用偶联（结合）起来的物质，有时也用来处理玻璃纤维的表面使其与树脂形成良好的结合，故也称为表面处理剂。在聚合物材料生产和加工过程中，亲水性的无机填料与聚合物难相容，通过偶联剂的桥联作用可以使它们紧密地结合在一起。

第二节 制样取样方法

高分子材料是通过制造各种制品来实现其使用价值的，因此从应用角度来讲，以对高分子材料赋予形状为主要目的的成型加工技术有着重要的意义。在从选料到成型应用的整个高分子材料加工流程中，对高分子材料状态与性能的检测就显得尤为重要。然而，试样的形状、测试的方式和外界环境条件都影响着高分子材料的性能。因此，制订一个统一的标准化制样取样方法，有利于在实际应用中评判和选择更合适的高分子材料和加工方法。高分子加工实验的取样方法主要有四种：直接从塑料制品上取样、直接从树脂取样、直接注射成型标准试样、间接从压制板材上切取试样。

一、直接从塑料制品上取样

高分子材料在制备时需要添加各种助剂和经过各种不同的加工程序，其塑料成品具有特定的形态和性能，与树脂原料之间已经有很大的不同。因此，从塑料制品上取样需要根据制品相应的标准规定和按制品提供者的要求进行取样，此处不展开赘述。

二、直接从树脂取样

直接从树脂取样的方法按照国家标准 GB/T 2547—2008 规定进行取样。该标准先通过数理统计原理确认样品大小，再在树脂样品上随机取样，抽取具有代表性的样品进行取样。

1. 样本大小的确定

（1）样本 n 的确定

为使样本得到的产品总体质量平均值的估计值能更加准确地反映总体的真实情况，需从总体求取适量的抽样单位（即最小包装件）。抽样单位数（即样本大小）可由式（1-1）求得：

$$n=（A\sigma_0/E）^2 \tag{1-1}$$

式中　n——抽样单位数，即样本大小；

σ_0——产品总质量的标准差估计值；

E——由样本得到的产品总体质量平均值的估计值与用相同方法对每个抽样单位测量得到的产品总体质量平均值之间存在的最大允许误差；

A——概率系数，它表示从样本得到的产品总体质量平均值的估计值与对每个抽样单位测量得到的产品总体质量平均值之间存在的误差超过最大允许误差 E 的相应概率。

由式（1-1）可变换为式（1-2），有时使用起来更为方便：

$$n=（AV_0/e）^2 \tag{1-2}$$

式中　n——抽样单位数，即样本大小；

V_0——$\sigma_0/\bar{X}$，产品总体质量的变差系数估计值，其中 $\bar{X}$ 为产品总体质量的平均值；

e——$E/\bar{X}$，用 $\bar{X}$ 的百分数表示的最大允许误差。

（2）σ_0 或 V_0 的求取

σ_0 或 V_0 的求取如下：

① 根据同种产品的历史数据，分别用式（1-3）和式（1-4）计算出样本大小相等或相近的几批产品的样本标准差或变差系数。

$$s=\sqrt{\Sigma(x_i-\bar{x})^2/(n'-1)} \tag{1-3}$$

$$V' = s / \sqrt{X} \tag{1-4}$$

式中　s——批的样本标准差；

x_i——单个测定值；

$\bar{x}$——单个测定值的算术平均值；

n'——批的样本大小；

V'——批的变差系数。

然后，再算出它们平均值$\bar{s}$和$\bar{v}$。$\bar{s}=\sqrt{\Sigma s_i^2/l}$或$\bar{v}=\sqrt{\Sigma V_i'^2/l}$分别作为$\sigma_0$或$V_0$的估计值，其中$l$为批数。

在求取σ_0或V_0时，一般地讲，样本大小n'越大，批数l越大，则所得结果越准确。但在实际应用时，若n'较大，则批数l可小些；若n'较小，则批数l可大些。如n'大于20时，l取4～5即可；n'为10左右时，则l最好大于10。

② 若没有这样的历史数据可用时，则可按上述原则，着手资料的积累工作，以便估计出符合要求的σ_0或V_0。

（3）最大允许误差E或e的确定

最大允许误差E或e可根据需要和可能进行规定。所谓“需要”是指某项质量特性的一点变化就会使材料产生转型，或对成型加工、制品应用产生很大影响，此时从样本得到的特性估计值准确度就该高些，即E或e要规定得小些，反之E或e可规定得大些。所谓“可能”是指对样本大小n进行测试所需要花费的人力物力是否合适而言的。根据式(1-1)或式（1-2）可知，样本大小n与最大允许误差E或e平方成反比，若不必要地把E或e规定得太小，则n将会变得过大，花费的检验费用就很大，这往往是不经济的。所以如果对某一规定的E或e求出的n太大，则可调整E或e（将E或e增大，也即降低估计值的准确度）以求出较小的n。

总之，确定最大允许误差E或e时，所考虑的问题要在所要求的估计值准确度和要得到这样准确度的估计值所花费用大小之间取得适当的平衡。

（4）概率系数A的确定

概率系数可根据结果所要求的可信区间来确定。在工业生产中一般定为1.96，这时从样本得到的产品总体质量平均值的估计值，与对每个抽样单位测量得到的产品总体质量平均值之间，存在的误差超过最大允许误差E或e的概率为5%。相应地其他概率的A值，可根据需要，从正态分布表得到，例如：

系数	概率
3	3‰
2.58	1%
2	4.5%
1.64	10%

（5）多项质量特性产品样本n的确定

对于塑料、树脂产品来说，通常有几项质量特性，可分别算出各项质量特性所需要的

n 值，然后取其中最大的一个作为检验批的样本大小。也可用与产品主要用途有关的关键质量特性中变差系数最大的一个来计算 n 值。

2. 样本的抽取——样本单位的选定

根据式（1-1）或式（1-2）计算得到的样本大小 n 要随机地从产品总体中选出，具体步骤可按下述两种方法之一进行。

（1）随机抽样法

① 将产品的抽样单位总数 N，按一定（或生产）顺序连续编号，从 1 开始编到 N;

② 利用随机数表，确定被抽取的抽样单位号数（随机数表及其使用法见国标 GB/T 2547—2008）。

（2）系统抽样法

① 用产品的抽样单位总数 N 除以样本大小 n，取其商值的整数部分 h 作为取样间隔；

② 在第 1～第 h 个抽样单位中，随机地确定一个抽样单位，然后每隔 h 个抽样单位取一个样。（注：如果放料口取样方便或产品处在移动过程中，则可采用系统抽样法。）

3. 取样

（1）取样方法

从上述抽样法所确定的抽样单位中取样。所用的取样工具、取样方法应保证能取出该抽样单位中有代表性的样品，特别对那些在包装、运输过程中会造成不均匀性的产品（如大小颗粒的分离、水分含量不一等）更要注意这一点。此时可用大小合适的扦筒从不同部位（上、中、下、中心、外围等处）取样。对于包装均匀的产品，可用勺状取样器。

（2）取样量

① 若取样目的只是要得到产品总体质量平均值，则从包装件中取出的样品可以进行混合试验。取出的样品总量至少应为试验需要量的两倍。在每个选中的抽样单位中取出大体等量的样品混合均匀后，一分为二，一份送交试验，一份放在密封、不污染产品的容器中保存。每份都得注明产品名称、批号、生产日期、取样日期。

② 若取样目的是要得到整批产品内各抽样单位间质量分散情况，则取出的样品不应混合，应分别试验。这时从每个抽样单位中取出的样品量应为试验需要量的两倍，分别混合均匀后，一分为二，一份送交试验，一份放在密封、不污染产品的容器中保存。每份均应注明产品名称、批号、生产日期、取样日期等。

③ 对用量极少的试验，应从确定的抽样单位中取出几倍、几十倍于试验用量的样品（以能取出有代表性的样品为原则）。取出后，用锥形四等分均匀缩样法缩样，直至取得合适的用量。有些颗粒料粒子较大，可在缩至一定程度后，用机械粉碎的方法粉碎成小颗粒后，再行缩样，直至取得合适的用量为此。机械粉碎时，应注意不要使样品过热，以防降解。

（3）塑料树脂取样

对塑料树脂而言，求取质量平均值的情况较多，在日常检验中，可进行混合试验。这时在产品传送过程中，或在产品包装过程中，可采用自动连续取样器进行连续取样。如需了解和掌握批内质量分散性的情况，则应定期地抽取适当样本大小的样品进行分别试验。由此积累的分散性资料，可用于 σ_0 或 V_0 的求取及控制改进生产工艺。

三、间接从压制板材上切取试样

压塑又称模压成型，是指将模塑料（粉料、粒料、碎屑或纤维预浸料等）置于阴模型腔内，合上阳模，借助压力和热量作用使物料熔化充满型腔，形成与型腔相同的制品。压塑的目的是制备均匀和各向同性的试样和片材，用机械加工或冲压的方法可以从片材上获取试样。热塑性塑料和热固性塑料均可使用压塑的方法获得标准试样，但由于这两者加工时材料受热行为不同，为了使试验的结果具有重复性和参考价值，热塑性塑料和热固性塑料压制试样的步骤和压塑模具应有所不同。

1. 热塑性塑料压缩模塑试样制备

热塑性塑料压缩模塑试样的制备按照国家标准 GB/T 9352—2008 规定进行。首先，在制备热塑性塑料压塑试样的过程中，模压机的合模力应至少能产生 10MPa 的模塑压力，且在整个模塑期间，模塑压力的波动应在10%以内。其次，模压板应能至少加热到240℃，加热时模具表面任意两点的温差应≤±2℃，冷却时≤±4℃。

由于在冷却时对物料施加压力会对试样的力学性能产生影响，因此不同种类的模具所制备的试样特性也有所不同，在对不同的原料进行加工制样时就要选择合适的模具。用于模压热塑性塑料试样的模具主要有两种：溢料式模具和不溢料式模具结构，如图1-2所示。

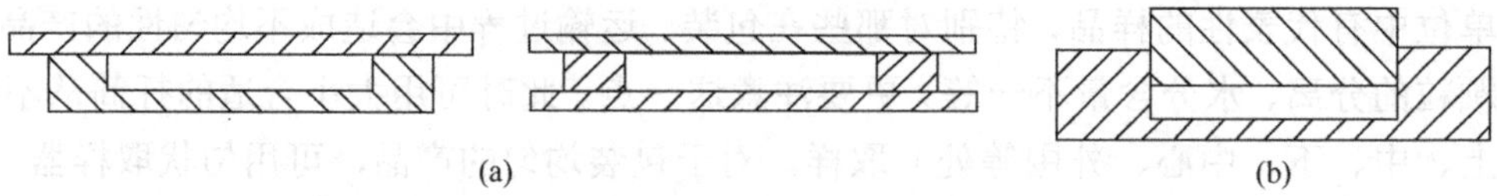

图1-2　溢料式模具（a）和不溢料式模具（b）结构

使用溢料式模具进行压塑时，过量的试样材料会被挤出，冷却过程中模塑压力仅施加在模框上，并不施加在材料上，而由于模塑试样在冷却过程中会收缩，其中心部分的厚度要比边缘部分稍薄，如果黏附于模具上的塑料材料收缩最明显，直接模压的试样也会产生缩痕或空隙。因此，溢料式模具适用于制备厚度相近或具有可比性的低内应力试样或试片。不溢料式模具则由一个或两个阳模塞和一个阴模底座装配而成，模塑和冷却期间，模具可以给模塑材料施加连续的压力。因此不溢料式模具可以模塑密实的试样，适用于制备表面平整坚固或者内部不会产生空隙的试样。

热塑性塑料模塑材料的制备过程如下：

① 原料的干燥：按有关国际标准的规定或材料提供者的说明干燥物料，如果没有特别说明，则在70℃±2℃的烘箱内干燥24h±1h。

② 预成型：为了获得模塑均匀的压塑试片，可以使用粒料直接模塑以避免压塑试片表面的不平整和内部缺陷。用粉料或粒料直接模塑时，有时也要求使用热熔辊炼或混炼的预成型使熔体均匀化。熔融后热熔辊炼或混炼的时间通常不超过5min以免聚合物降解。所得的预成型片应比模塑的试片稍厚，尺寸也应足够以便供模塑试片使用。预成型片推荐使用干燥的气密容器储存。

③ 模塑：首先将模具温度调节到有关国际标准规定或有关各方确认的模塑温度的±5℃以内。将称量过的材料放入经预热的模具当中，若为粒料，则应确认其均匀地铺展在

模具表面，且熔融后材料的量要足够充满型腔。溢料式模具允许有约 10%的损失，不溢料式模具允许有约 3%的损失。用溢料式模具时需铺上软质箔，然后将其放入已预热的模压机内。闭合模压机并在接触压力下对加入的材料预热 5min，然后施加全压 2min，随即冷却。模塑 2mm 的压塑片，对已铺开的物料，标准的预热时间是 5min，而较厚的模塑件预热时间应相应调整。

④ 冷却：对于某些热塑性塑料，冷却速率影响其最终的物理性能。因此 GB/T 9352—2008 规定了冷却的方法，如表 1-7 所示。

表 1-7 冷却方法

冷却方法	平均冷却速率/℃ · min^{-1}	冷却速率/℃ · h^{-1}	备注
A	10±5	—	—
B	15±5	—	—
C	60±30	—	急冷
D	—	5±0.5	缓冷

冷却方法应同压塑试片的最终物理性能一起加以说明。一般在此材料的有关国际标准中给出了合适的冷却方法，如未指定方法，可使用方法 B。在采用方法 C 的情况下（即急冷），应使用合适的方法，例如使用一对钳子，迅速将模具从热压机移到冷压机上。如果没给出其他说明，脱模温度≤40℃。若制备没有任何内应力的模塑片或需对预制片进行退火后缓冷，推荐使用方法 D。

2. 热固性塑料压缩模塑试样制备

与热塑性塑料不同，热固性塑料在热量和压力的作用下会加速聚合或交联，随着反应程度的增加，热固性塑料会逐渐变成不溶不熔的致密固体，材料的结构和性能都会发生变化。因此，热固性塑料模具设计和模压条件与热塑性塑料的也会有所不同。

热固性塑料压缩模塑试样的制备按照国家标准 GB/T 5471—2008 规定进行。国标 GB/T 5471—2008 适用于以酚醛树脂、氨基树脂、三聚氰胺/酚醛树脂、环氧及不饱和聚酯树脂为基料的热固性粉状模塑料（PMCs）。热固性塑料压塑所使用的模具应设计成能使压力无损失地传向模塑材料的结构，可以是单腔型或者多腔型的模具，模具的型腔尺寸应符合 GB/T 11997—2008 多用途试样的要求。模具表面不能存在任何的损伤或污染，同时其粗糙度 *Ra* 应在 0.4～0.8μm 之间。图 1-3 为一种单腔型不溢料式模具示意图。如果模具的边缘斜切角不大于 3°，模腔侧壁与不溢料式模具间的间隙应不大于 0.1mm。尺寸 *e'*应通过计算获得，以防止模腔中没有物料时将模具压坏。

模具可以配备顶杆和可移动的底板，便于脱模。图 1-4 和图 1-5 为分别配备了顶杆和可移动底板的模具结构示意图。若使用顶杆，则应保证试样不产生任何形变；若使用可移动底板，则底板和模腔壁间的交界处不能有明显的溢料。

制备热固性塑料模塑材料的操作步骤如下：

① 根据表 1-7、表 1-8 和相关标准确定模塑条件。

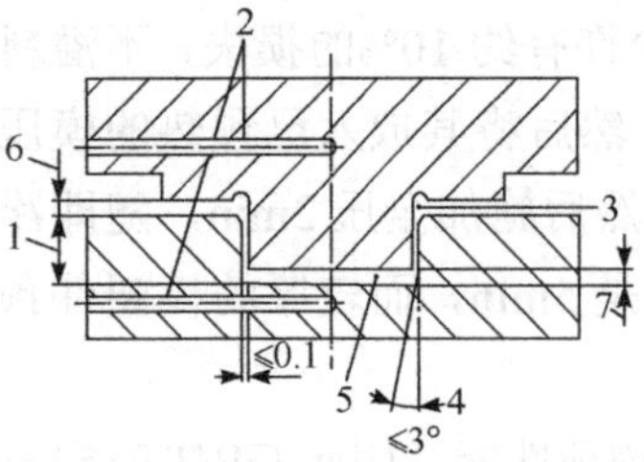

图 1-3　单腔不溢料式模具

1—模腔深度；2—测量头和温度计插孔；3—间隙；4—边缘斜切角；5—模腔；6—尺寸 e'（$e'<e$）；7—尺寸 e

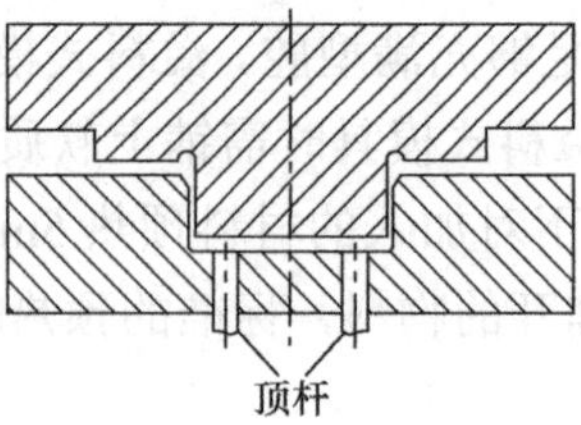

图 1-4　带有顶杆的模具

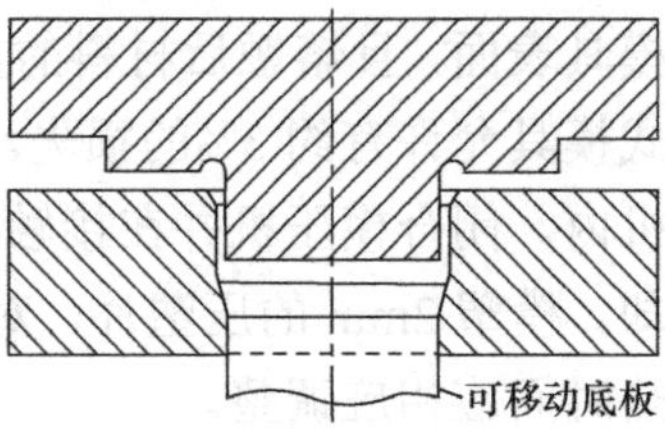

图 1-5　带有可移动底板的模具

表 1-8　预处理和模塑条件

条件		酚醛模塑材料		氨基塑料模塑材料		环氧树脂	不饱和聚酯
		细粒	粗粒	脲醛	三聚氰胺-甲醛		
预处理	烘箱干燥	允许				不推荐	不推荐
	压锭	允许					
	高频预热	允许					不推荐
	预塑化	允许					不推荐
	排气	允许				不需要	不推荐
模塑	温度/℃	165～175	165～175	140～150	140～150	165～175	155～175
	压力/MPa	25～40	40～60	20～40	20～40	25～40	10～30
	固化时间/s · mm⁻¹	20～60		20～60	20～60	20～60	20～60

② 等待温度恒定在±3℃。

③ 利用具有规定精度的模温测量装置检查模腔中的温度，例如高温计或可熔融的盐等。

④ 根据所需要的试样厚度称取所需要材料的量。模塑料量=试样密度×试样体积+飞边损耗（先前实验确定）。若模塑的材料体积相对于模具加料室的容积过大，材料可以预成型成锭片，压锭条件应在模塑报告中注明。

⑤ 把材料放在模腔中并闭合压机，为了获得规定的压力 p（MPa），压力表上显示的油压 p_0（MPa）可以通过下式给出：

$$p_0=\frac{pA_1}{A}$$

式中　A——压机柱塞面积，m^2；

A_1——模腔总面积，m^2。

如有需要，允许排气。

⑥ 当压力达到规定值时，立即启动秒表（精确到 1s）。

⑦ 当固化结束时，打开压机，立即将试样从模具中移除，除试验方法另有规定外，把试样放在导热较差的支撑上并且允许它在冷却定型板的金属板下冷却。

⑧ 检查模具填充的满意情况，包括外观和有无空隙、变色、飞边及翘曲。

四、直接注射成型标准试样

注射成型是高分子材料成型加工中的一种重要方法，其主要过程是将粒料或粉状物加热熔化后，对熔融塑料施加高压，使其充满模具型腔，最终冷却脱模，形成塑料制品。直接注射成型可应用于热塑性塑料和热塑性聚合物基复合材料测试标准试样的制备。

注射成型标准测试试样的模具主要分为三种：多型腔模具、单型腔模具和家族式模具。其中，GB/ISO 标准里所使用的模具皆为多型腔模具。图 1-6 和图 1-7 分别为 GB/T 37426 规定的 A1 型试样两型腔的型腔板示意图和 GB/T 37426 规定的 B1 型试样四型腔的型腔板示意图。多型腔模具在同一次成型中各部分试样的性能基本一致，因此为了获得具有可比性的数据和解决执行不同标准的争议，在实际的加工检测中常用多型腔模具。

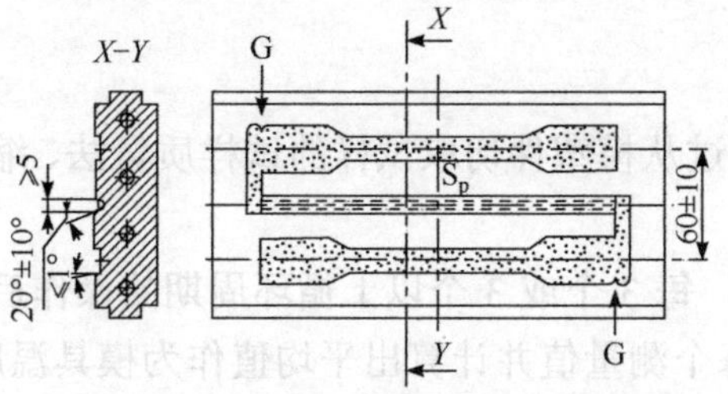

图 1-6　GB/T 37426 规定的 A1 型试样两型腔的型腔板

S_p—主流道口；G—浇口

模塑体积 V_M≈30000mm^3；投影面积 A_P≈6300mm^2

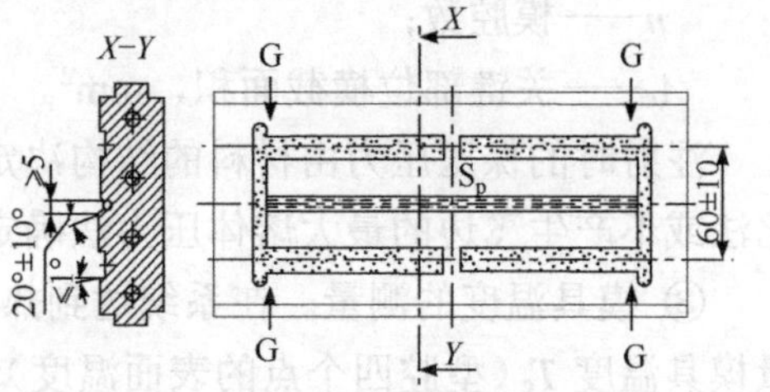

图 1-7　GB/T 37426 规定的 B1 型试样四型腔的型腔板

S_p—主流道口；G—浇口

模塑体积 V_M≈30000mm^3；投影面积 A_P≈6300mm^2

单型腔模具的型腔有很多种，如哑铃形、圆形或其他形状。由于单型腔模具的型腔体积与模塑体积 V_M 之比和 GB/ISO 模具不同，且单型腔模具的注射体积较小，不符合国标 GB/T 17037.1—2019 中对体积比的规定，因此制备的试样可能会产生错误的性能测定值，在实际试验当中较少使用。图 1-8 为两种单型腔模具的示意图。

家族式模具与多型腔模具类似，都有多个形成样条的型腔，但是家族式模具可同时制备长条形试样、哑铃形试样和圆形试样等。一般情况下，在不同模塑条件下连续、同时注满家族式模具中不同形状的型腔是很困难的。即使同时注满各型腔，各型腔内的真实注射条件也有所差异，而且使用家族式模具不能精确设定各型腔内的注射速率。因此，家族式模具不适用于制备标准试样，除非家族式模具制备的试样与 GB/ISO 模具（多型腔模具）的性能测定结果一致。图 1-9 为家族式模具的示例。

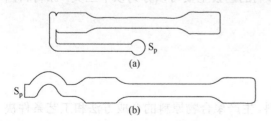

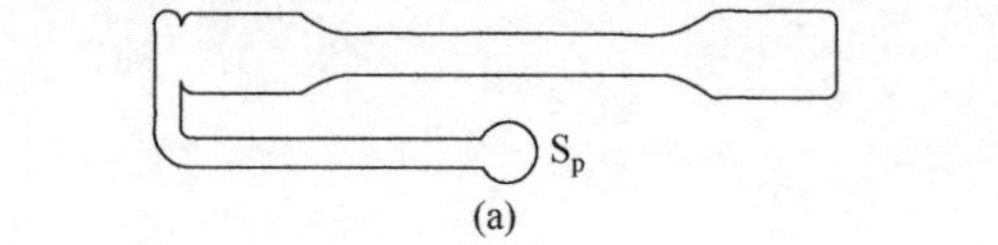

图 1-8　主流道（S_P）垂直于模塑试片（a）和主流道（S_P）与分型面平行（带有预防喷射的弯曲流道）（b）的单型腔模具

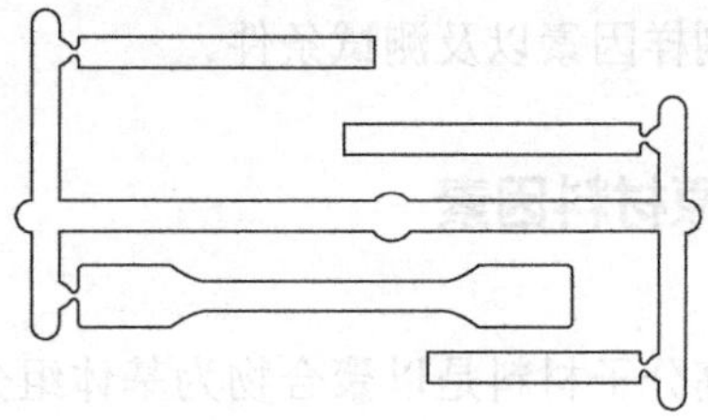

图 1-9　家族式模具

直接成型法制备热固性塑料模塑材料的操作步骤如下：

① 材料的状态调节。注射前，应按有关标准对塑料的粒子或颗粒进行调整，如无相关标准则用生产商提供的条件进行调节。

② 注射。注射时需要注意原料的注射速度和成型时的保压压力。注射时的注射速度由模具的结构决定，注射速度可通过下式得出：

$$v=\frac{V_{\mathrm{M}}}{tA_{\mathrm{c}}n}$$

式中　v——注射速度，$\mathrm{mm\cdot s^{-1}}$；

V_{M}——模塑体积，$\mathrm{mm^3}$；

t——注射时间，s；

n——模腔数；

A_{c}——关键部位横截面积，$\mathrm{mm^2}$。

注射时的保压压力由材料的结构决定，可通过从模塑件切取试样的试样质量法、缩痕比法或不产生飞边的最大熔体压力法确定。

③ 模具温度的测量。在系统达到热平衡后，每 3 个或 3 个以上循环周期的操作后测量模具温度 T_{C}（型腔四个点的表面温度）。记录每个测量值并计算出平均值作为模具温度。

④ 熔体温度的测量。当达到热平衡或稳定后，使用对空注射法转移至少 $30\mathrm{cm^3}$ 塑料熔体，并立即用反应灵敏经预热的针型温度计测量其温度的最大值。若能得到与对空注射测量值相同的测量值，也可以使用测温传感器。测温传感器应有较快响应并装在合适的位置。

⑤ 试样的后处理。为避免脱模后热历史的差异，允许试样在实验室内逐渐冷却至室温。若试样对大气暴露敏感，则保存在密闭容器之中。

第三节　影响测试结果的因素

在实验研究和实际生产的过程中，为了对合成材料的性能进行表征或者对原材料的来源进行选择，往往需要一系列具有可比性和统一的试验标准来对试样进行对比分析，从而获取所需要的具有可信度的数据。这就需要排除与测试项目无关的内在因素和外在因素的影响。会对高分子加工成型产品的性能产生影响的因素主要可以分为以下三类：原材料因素、制样因素以及测试条件。

一、原材料因素

高分子材料是以聚合物为基体组分的材料。生产聚合物原料的合成方法和工艺条件决定了聚合物树脂本身的结构和形态，如分子量大小和分布、支化度、凝聚态结构等，进而对原料本身的基体性能产生影响。例如，低密度聚乙烯（LDPE）通常采用釜式法和管式法合成。釜式法釜内返混严重，合成出的 LDPE 分子量分布较宽，长支链多，支链分布窄；

管式法则沿管长采用不同的温度控制且无返混，所得LDPE的分子量分布较窄，长支链少，支链分布宽。

此外，高分子材料是一种组成复杂的体系，除了树脂基体外，为了保证和改善高分子材料的使用或储存等性能，实际销售的高分子材料中往往会添加各种添加剂，其基本性能也会因添加的不同品种和用量的添加剂而异。因此，在进行高分子加工实验时，应尽可能选用同一厂家、同一牌号的产品。而且，不同厂家同一牌号的产品性能也有可能存在巨大的差异，所以在高分子材料的加工实验报告中，也要注明所用原材料的生产厂家、牌号、品级、组成配比等原料信息。

二、制样因素

首先，在高分子材料的加工实验中，所用的标准试样是各种形态的聚合物（粉料、粒料、板材、片、膜、丝等）通过加工成型制成的，而原料本身的几何形态对制成的最终样条的性能有很大的影响。例如，粉状原料更容易吸收空气中的水分，在加工成型的过程中更容易使塑件出现气泡、波纹等缺陷，使得试样的热性能、电性能、物理机械性能等下降，影响实验结果的准确性。因此，在预处理阶段，要尽可能地选用相同形态的原料或者将原料制成相同形态，以确保实验结果的准确性，并将原料来源、制备原料的方法和条件、所用仪器设备的型号等参数记录在实验报告中。

其次，制备试验样条的加工成型方法、条件、设备参数均会通过试样的受热历史、受力历史和分散状态差异影响试验样条的加工性、微观结构乃至宏观性能。因此，按照公认的测试标准或者一定的实验约定所规定的方法和条件来制样是十分必要的。另外，制备试验样条所用的方法、条件、设备型号和器具等都需要记录并标注在实验报告中。例如直接从塑料制品上裁切制样，裁取试样所用的方法、工具、条件参数就会对实验的结果产生影响。若使用直接注射成型制备试样则不会有这类因素的影响，排除外在因素的影响也相对简单。为了避免受热历史和受力历史的影响，也可根据对应高分子材料的性质进行退火处理。退火温度一般略高于材料的玻璃化转变温度，且退火处理后材料的性质、组成和形状不能发生改变。

除此之外，试样的几何尺寸也会对试样的实验结果产生明显的影响。试验样条在制备或加工成型的过程中，在热、力或其他因素的影响下会产生细微的缝隙缺陷或者导致样条在结构上的不均匀。除了会在测试过程中直接对试验样条的强度和塑性形变产生影响以外，微观缺陷和不均匀性也会导致试验材料在热性能、光学性能、声学性能和电性能等方面存在差异。从理论上来说，试样的体积或表面积越大，产生微观缺陷的概率也就越大，故相同试样大尺寸的强度一般要比小尺寸的强度低。因此，在高分子加工实验测定各项性能的实验报告中也要注明试样的尺寸。

三、测试条件

高分子材料是通过分子运动表现出不同的物理状态和宏观性能的，分子运动又具有温度依赖性和时间依赖性，因此诸如温度、湿度、形变和载荷速率等环境因素所造成的分子运动的差异就会使高分子材料表现出不同的宏观性能。例如，高分子材料随着温度升高会表现出玻璃态、高弹态和黏流态三种力学状态。当不同的测试温度使高分子材料分别处于不同的力学状态时，其表现的物理性能也会存在很大的差异。聚甲基丙烯酸甲酯（PMMA）在 20℃时表现出脆性，在 40℃时则会出现屈服现象并表现出韧性。当然，即使处于同一力学状态下，温度的高低也会对分子运动的活跃程度产生影响，进而影响最终的测试性能。聚氯乙烯在 10℃下测定的拉伸强度就要比在 30℃下测定的拉伸强度高 15%左右。测试时的形变和载荷速率则与高分子材料分子运动的时间依赖性有关。当外力作用的速度远快于高分子材料力学松弛的速度时，应变速度越过脆韧转变点，就会使高分子材料表现出脆性。

因此，材料的测试环境也应当标准化。目前，国内外公认的通常情况下的标准测试条件是：于温度为 23℃、相对湿度为 50%、气压为 86～106kPa 的条件下制备后静置 24h 再进行测试。针对某些性能较为特殊的材料如聚酰胺等力学性能受湿度影响较大的材料，或者需在特殊条件下如高温、高压下表征其使用性能的材料，则需对环境条件进行对应的调整，并将实验条件完整地记录在实验报告中。针对不同材料的力学性能、热性能、电性能、燃烧性能、光学性能等在国际标准和国家标准中已一一做了明确的规定，测试时须按照相关规定和标准进行，以保证结果的准确性、可重复性和可比性。

参考文献

[1] 吴智华. 高分子材料加工工程实验教程. 北京：化学工业出版社，2004.
[2] 何曼君，陈维孝，董西侠. 高分子物理. 上海：复旦大学出版社，2007.
[3] 张留成，瞿雄伟，丁会利. 高分子材料. 北京：化学工业出版社，2002.
[4] 符若文，李谷，冯开才. 高分子物理. 北京：化学工业出版社，2005.
[5] 王小妹，阮文红. 高分子加工原理与技术. 北京：化学工业出版社，2014.

第二单元　高分子原材料性能评价

实验一　塑料熔体流动速率的测定

一、实验目的

① 了解热塑性塑料熔体流动速率与加工性能的关系。

② 掌握熔体流动速率的测试方法。

二、实验原理

熔体流动速率（melt mass-flow rate，*MFR*）是指热塑性塑料在一定温度、恒定压力下，熔体在 10min 内流经标准口模的质量值，单位是 $g \cdot 10^{-1}min^{-1}$。熔体流动速率也常称为熔体流动指数（*MFI*）或熔融指数（*MI*）。

表征高聚物熔体流动性好坏的参数是熔体的黏度。熔体流动速率仪实际上是简单的毛细管黏度计，它所测量的是熔体流经标准内径管道的质量流量。由于熔体密度数据难以获得，故不能计算表观黏度。但由于质量与体积成一定比例，故熔体流动速率也可用来衡量熔体的相对黏度值。因而，熔体流动速率可以作为区别各种热塑性材料在熔融状态时流动性的一个指标。对于同一类高聚物，可由此来比较分子量的大小。一般来说，同类的高聚物，分子量越大，熔体流动速率越小，其强度、硬度、韧性、缺口冲击等物理性能会相应有所提高。反之，分子量小，熔体流动速率则大，材料的流动性就相应好一些。在塑料加工成型中，对塑料的流动性常有一定的要求。如压制大型或形状复杂的制品时，需要塑料有较大的流动性。如果塑料的流动性太小，常会使塑料在模腔内填塞不紧或树脂与填料分头聚集（树脂流动性比填料大），从而使制品质量下降，甚至成为废品。而流动性太大时，会使塑料溢出模外，使上下模面发生不必要的黏合或使导合部件发生阻塞，给脱模和整理工作造成困难，同时还会影响制品尺寸的精度。由此可知，塑料的流动性好坏，与加工性能关系非常密切，表 2-1 是某些加工方法适宜的熔体流动速率值。实际加工成型过程往往是在较高的切变速率下进行，由于塑料熔体偏离牛顿流体的流动特性，为了获得适合的加工工艺，通常要研究熔体黏度与温度和切变应力的依赖关系。掌握了它们之间的关系以后，可以通过调整温度和切变应力（施加的压力）来使熔体在成型过程中的流动性符合加工以及制品性能的要求。但是，由于熔体流动速率是在低切变速率的情况下获得，与实际加工的条件相差很远，因此，在实际应用中，熔体流动速率主要是用来表征由同一工艺流程制成的高聚物性能的均匀性，并对热塑性高聚物进行质量控制，简便地给出热塑性高聚物熔体流动性的度量，作为加工性能的指标，表 2-2 是国产不同牌号的低密度聚乙烯的熔体流动速率与性能和用途说明。

表 2-1 不同加工方法适宜的熔体流动速率值　　　　单位：$g\cdot10^{-1}min^{-1}$

加工方法	产品	材料的 *MFR*	加工方法	产品	材料的 *MFR*
挤出成型	管材	<0.1	挤出成型	胶片（流延薄膜）	9～15
	片材、瓶、薄壁管	1～0.5	注射成型	模压制件	1～2
	电线电缆	0.1～1		薄壁制件	3～6
	薄片、单丝（绳）	0.5～1	涂布	涂敷纸	9～15
	多股丝或纤维	约为 1	真空成型	制件	0.2～0.5
	瓶（玻璃状物）	1～2			

表 2-2 不同牌号低密度聚乙烯的熔体流动速率与性能和用途

牌号	熔体流动速率/$g\cdot10^{-1}min^{-1}$	密度 ρ/$g\cdot cm^{-3}$	性能和用途
1I2A-1	2	0.921	加工性能好、耐压、耐冲击，可注塑、模塑，制管材
1I20A	20	0.920	加工性能好、耐冲击、光泽好，可注塑、模塑，制中空制品
1I50A	50	0.916	流动性好、有光泽、柔软性很好，可注塑，制塑料花

由于熔体流动速率仪结构简单、价廉、操作简便，对于某一个热塑性聚合物来说，如果从经验上建立起熔体流动速率与加工条件、产品性能的对应关系，那么，用熔体流动速率来指导该聚合物的实际加工生产就很方便，因而熔体流动速率的测定在塑料加工行业中得到广泛的应用。国内生产的热塑性塑料（尤其是聚烯烃类）一般都附有熔体流动速率的指标。这些指标都是按照规定的标准试验条件来测试的。因为相同结构的聚合物，测定熔体流动速率时所用的试验条件（温度、压强）不同，所得的熔体流动速率也不同。所以，要比较相同结构聚合物的熔体流动速率，必须在相同的测试条件下进行测试。熔体流动速率的国家标准为 GB/T 3682.1—2018 和 GB/T 3682.2—2018，国际标准为 ISO 1133—1997。表 2-3 是常见热塑性材料熔体流动速率测定的国家标准试验条件（GB/T 3682.1—2018）。

表 2-3 常见热塑性材料熔体流动速率的国家标准试验条件（GB/T 3682.1—2018）

材料	试验温度 *T*/℃	标称负荷 *F*（组合）/kg
PS	200	5.00
PE	190	2.16
PE	190	0.325
PE	190	21.60
PE	190	5.00
PP	230	2.16
ABS	220	10.00

续表

材料	试验温度 T/℃	标称负荷 F（组合）/kg
PS-1	200	5.00
E/VAC	150	2.16
E/VAC	190	2.16
E/VAC	125	0.325
SAN	220	10.00
ASA、ACS、AES	220	10.00
PC	300	1.20
PMMA	230	3.80
PB	190	2.16
PB	190	10.00
POM	190	2.16
MABS	220	10.00

本实验中负荷和温度对实验结果影响很大。加大负荷将使流动速率增加。在试样热稳定性允许的前提下，升高温度将使流动速率增加，如果料筒内的温度分布不均匀或温度稳定性不够，将给流动速率的测试带来很明显的不确定因素。由于在本实验中，唯有温度是动态参数，因此对温度的控制必须严格。此外，关键零件，如口模内孔、料筒、压料杆（活塞杆）的机械制造尺寸精度误差也会使测试数据出现偏差。粗糙度太大，也将使测试数据偏小。

三、实验仪器和材料

1. 仪器

本实验使用国产熔体流动速率测定仪，如图 2-1 所示。主要由主体结构和加热控制两部分组成。其主体结构如图 2-2 所示，是仪器的关键部分，包括以下几个方面：

① 料筒：采用氮化钢材料，并经氮化处理。长度为 160mm，内径（9.55±0.02）mm，维氏硬度 $HV \geqslant 700$。

② 压料杆（包括压料杆头）：总长（210±0.1）mm，直径$\left(9^{+0.02}_{-0.01}\right)$mm，压料杆头长为 6.5mm，直径为$\left(9.550^{+0.05}_{-0.07}\right)$mm，压料杆头与料筒间隙为（0.75±0.015）mm。

③ 标准口模：外径$\left(9.55^{+0.03}_{-0.06}\right)$mm，内径（2.095±0.005）mm，高度为（8.000±0.025）mm，维氏硬度 $HV \geqslant 700$。

料筒外面包裹的是加热器，在料筒的底部有一只标准口模，口模中心是熔体挤压流经的毛细管。料筒内插入一支活塞杆，在杆的顶部压着砝码（砝码基本配置：A0.325kg，B0.875kg，C0.960kg，D1.200kg，E1.640kg），这可驱使聚合物熔体以一定速率（质量流速或体积流速）向下运动流经毛细管。

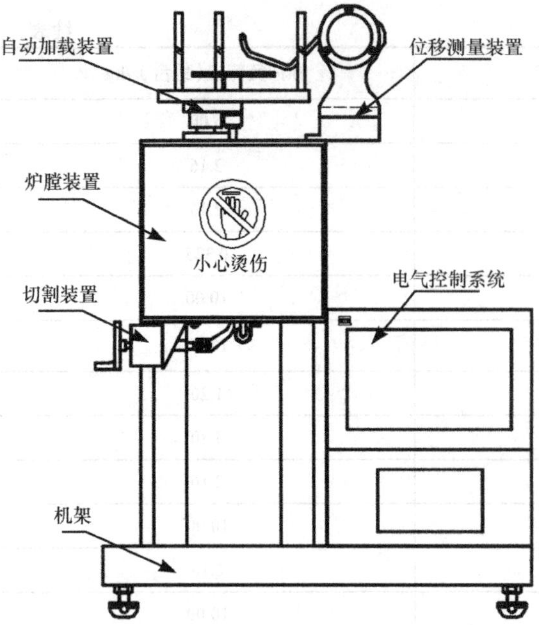

图 2-1 ZRZ2452 熔体流动速率测定仪

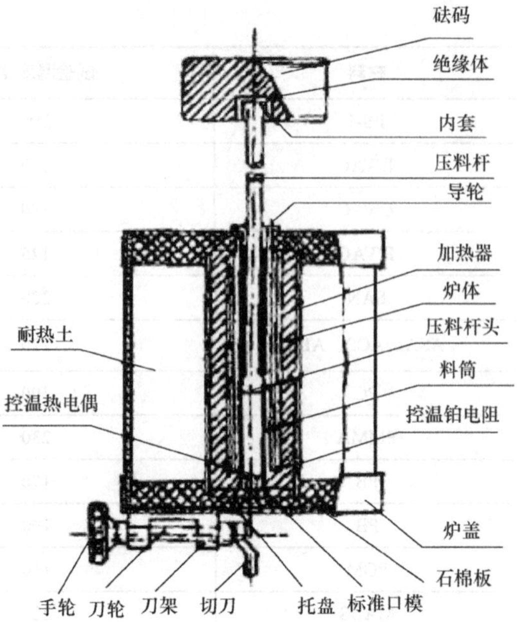

图 2-2 熔体流动速率测定仪主体结构

2. 材料

聚苯乙烯、聚乙烯、聚丙烯粒料各 3.2g。

四、实验步骤

①查阅相关测试标准，根据不同试样确定实验条件。例如聚丙烯选择温度 230℃、荷重 2.16kg 进行测试。

② 检查仪器是否清洁且呈水平状态。

③ 将料筒底部的口模垫板推入，将标准口模及压料杆放入预先已装好料筒的炉体中。

④ 开启电源，通过仪器操作面板设定参数（选择质量法）：测试温度、切割样品的数量以及切割时间间隔。待升温到试验温度（230±0.1）℃后恒温 10min。

⑤ 将预热的压料杆取出，把称好的试样用漏斗加入料筒内，放回压料杆，固定好导套，使压料杆能保持垂直，并将料压实。整个加料与压实过程需在 1min 内完成。试样用量取决于 *MFR* 的大小，一般加料量在一定范围内对结果影响不大。可参考表 2-4。

表 2-4 熔体流动速率与试样用量及切割时间的关系

MFR/g · 10^{-1}min^{-1}	试样用量/g		切样间隔时间 t/s	
	ISO 标准	GB 标准	ISO 标准	GB 标准
0.1～0.5	4～5	3～5	240	120～240
0.5～1.0	4～5	4～6	120	60～120
1.0～3.5	4～5	4～6	60	30～60
3.5～10	6～8	6～8	30	10～30
>10	6～8	6～8	5～15	5～10

⑥ 试样装入后，用手压使活塞降到下环形标记，弃去流出试样，这一操作要保证活塞（压料杆）下环形标记在 5min 30s 时降到与料口相平。5min 30s 时开始加负荷，6min 开始切割，弃去 6min 前的试样，保留连续切取的无气泡样条 3～5 个。切取平稳流动的一段试样留待测试其直径。取样完毕，将料压完，卸去砝码。在活塞杆上有多根刻线，在料筒内加料后，活塞杆插入料筒，这时刻线都暴露在上面，料筒内接近底部的熔体由于存在气泡等原因是不采用的，要等到活塞杆下移且达到第一根刻线，才进入有效范围，至最上面刻线为止，多余部分也属无效。

⑦ 取出压料杆和标准口模，趁热用软纱布擦干净；标准口模内余料用专门的顶针清除；把清料杆安上手柄，挂上纱布，边推边旋转清洗料筒，更换纱布，直到料筒内壁清洁光亮为止。

⑧ 取 5 个无气泡的切割段分别称量（准确到 mg）。若最大值与最小值之差超过平均值的 15%，则需要重新取样进行测定。

五、数据记录和处理

熔体流动速率按下式求出：

$$MFR(T/F)=\frac{600m}{t}(\mathrm{g}\cdot 10^{-1}\mathrm{min}^{-1})$$

式中，m 为 5 个切割段的平均质量，g；t 为每个切割段所需时间，s；T 为试验温度，℃；F 为标称负荷，kg。

【附 1】聚合物熔体体积流动速率（melt volume-flow rate，*MVR*）及熔体密度的测定

目前，一般而言的熔体流动速率都是指熔体质量流动速率 *MFR*，而在最近的国家标准中，已根据国际标准 ISO 1133—1997，增加了“熔体体积流动速率”的内容。

熔体体积流动速率是指热塑性材料在一定温度和压力下，熔体每 10min 通过规定标准口模的体积，用 *MVR* 表示，单位为 $\mathrm{cm}^3\cdot 10^{-1}\mathrm{min}^{-1}$。它从体积的角度出发，来表示热塑性材料在熔融状态下的黏流特性，为调整生产工艺提供了科学的指导参数。

测试时，预先设定活塞杆下移距离，通常行程一般为 3.175mm、6.35mm、12.7mm、25.4mm，然后，测定该段熔体流出的时间。

熔体体积流动速率为：

$$MVR（T/F）=At_{\mathrm{ref}}L/t=427L/t$$

式中，T 为试验温度，℃；F 为标称负荷，kg；A 为活塞和料筒的截面积平均值，标准平均截面积为 $0.711\mathrm{cm}^2$；t_{ref} 为参比时间（600s）；L 为预先设定的活塞杆下移距离，cm；t 为测量时间的平均值，s。

利用体积法做完试验后，将有效样条称重，根据下式计算试样熔融状态下的密度 ρ：

$$\rho=m/AL=m/0.711L（\mathrm{g}\cdot\mathrm{cm}^{-3}）$$

式中，m 为样条的平均质量，g；L 为活塞杆的行程，cm。

【附 2】一些塑料熔体流动速率测定的标准条件（ASTM D-1238）（表 2-5）

表 2-5　塑料熔体流动速率测定的标准条件

条件	温度/℃	荷重/kg	压力/kgf·cm^{-2}	适用塑料	
1	125	0.325	0.46	聚乙烯	纤维素酯
2	125	2.16	3.04		
3	190	0.325	0.46		
4	190	2.16	3.04		
5	190	21.60	31.40		
6	190	10.60	14.06	聚醋酸乙烯酯	
7	150	2.16	3.04		
8	200	5.00	7.03	聚苯乙烯	ABS 树脂 丙烯酸树脂
9	230	1.20	1.69		
10	230	3.80	5.34		
11	190	5.00	7.03		
12	265	12.50	17.58	聚三氟乙烯	
13	230	2.16	3.04	聚丙烯	
14	190	2.16	3.04	聚甲醛	
15	190	1.05	1.48		
16	310	1.20	1.69	聚碳酸酯	
17	275	0.325	0.46	尼龙	
18	235	1.00	1.41		
19	235	2.06	3.04		
20	235	5.00	7.03		

注：1kgf·cm^{-2}=9.806×10^{4}Pa。

六、思考题

① 对于同一聚合物试样，改变温度和剪切应力对其熔体流动速率有何影响?

② 聚合物的熔体流动速率与分子量有什么关系?熔体流动速率值在结构不同的聚合物之间能否进行比较?

参考文献

[1] 潘鉴元，席世平，黄少慧. 高分子物理. 广州：广东科学技术出版社，1981.

[2] GB/T 3682.1—2018　塑料 热塑性塑料熔体质量流动速率（MFR）和熔体体积流动速率（MVR）的测定 第 1 部分：标准方法.

[3] GB/T 3682.2—2018　塑料 热塑性塑料熔体质量流动速率（MFR）和熔体体积流动速率（MVR）的测定 第 2 部分：对时间-温度历史和（或）湿度敏感的材料的试验方法.

[4] 浙江省皮革塑料工业公司. 常用树脂牌号手册. 杭州：浙江科学技术出版社，1981.

[5] 李谷，符若文. 高分子物理实验. 北京：化学工业出版社，2015.

实验二　转矩流变仪实验

一、实验目的

① 了解转矩流变仪的基本结构和应用。
② 熟悉转矩流变仪的工作原理及其使用方法。
③ 测定聚合物的转矩-时间谱。

二、实验原理

聚合物的流变特性与聚合物的结构、组成，环境温度，外力大小、类型及作用时间等因素有密切的关系。对聚合物流变特性的研究，能够为设计和控制材料配方及加工工艺提供重要信息，从而达到制品最佳外观和最优内在质量的控制；还能为其加工模具的设计提供大量基本数据。因此，在高分子加工成型工作中，表征聚合物流体的流变性质很重要。

转矩流变仪是研究聚合物在动态负荷下的流变性能，并将结果以转矩-时间或转矩-温度等图谱形式表现出来的实验设备。它可以在类似实际加工的情况下，连续、准确、可靠地对聚合物的流变特性进行测定，研究其热稳定性、剪切稳定性、流动和塑化行为，如多组分物料的混合、热固性树脂的交联固化、弹性体的硫化、材料的动态稳定性以及螺杆转速对体系加工性能的影响等。

转矩流变仪操作方便、结果输出快捷，特别是能够用很少的试样即可在较接近实际的加工工艺条件下进行流变性能测定。此外，不仅可以利用转矩流变仪来评价聚合物的长期热稳性，还可以通过间隔取料的方法，评价其不同时间的外观颜色。

转矩流变仪的工作原理是：当被测聚合物加入混炼室后，聚合物受到转速不同、转向相反的两个转子所施加的作用力，转矩模块通过转矩传感器测得这种反作用力，通过电脑软件处理，得出转矩随时间变化的流变图谱（转矩谱）。

实验所用转矩流变仪如图 2-3 所示，转子如图 2-4 所示。典型的聚合物转矩谱如图 2-5 所示。

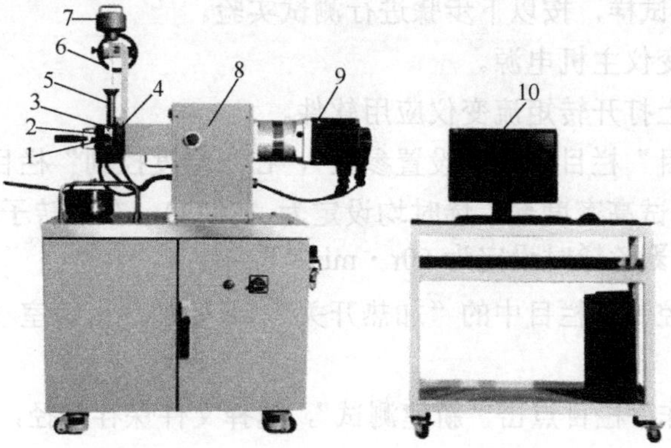

图 2-3　RTOI-55/20 转矩流变仪

1—密炼室；2—前加热板；3—中加热板；4—后加热板；5—加料筒；6—压料杆；7—载荷；8—驱动及转矩传感系统；9—主电机；10—计算机

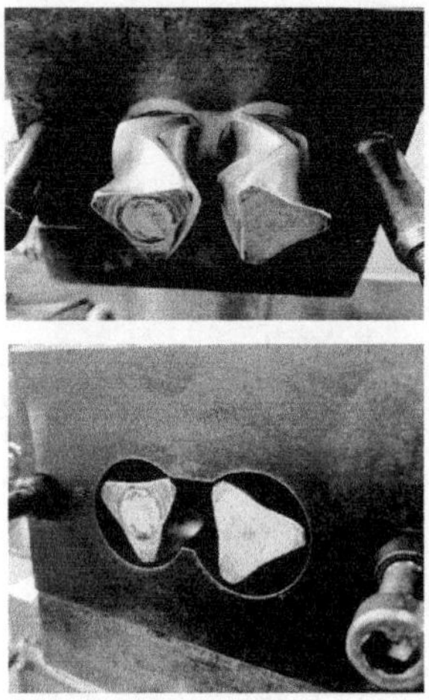

图 2-4　流变仪转子

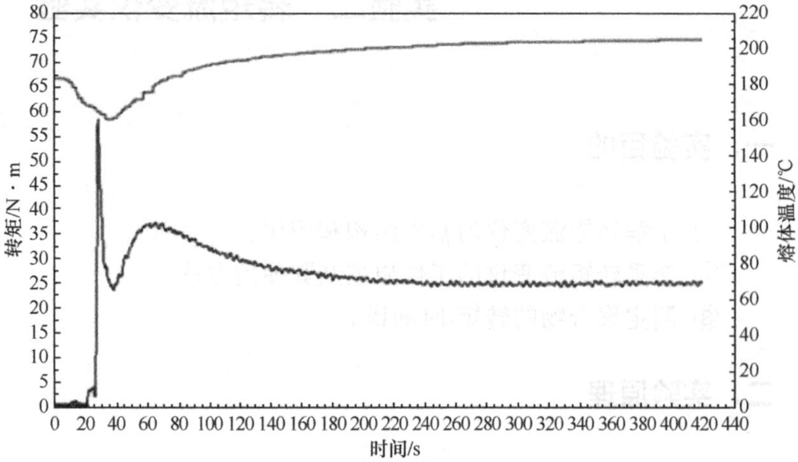

图 2-5　典型的聚合物转矩谱

三、实验仪器和材料

1. 仪器

电子天平，感量 0.001g。

RTOI-55/20 转矩流变仪（图 2-3），密炼腔容积：55cm^3，转速：0～200r·min^{-1}，转子速度比：2∶3，转矩测量范围：0～200N·m，转矩测量精度：0.5% F.S，操作温度：室温～350℃，温度控制精度：1℃。

2. 材料

颗粒状高密度聚乙烯、聚氯乙烯。

四、实验步骤

称取 45g 聚合物试样，按以下步骤进行测试实验。

① 打开转矩流变仪主机电源。

② 在电脑主页上打开转矩流变仪应用软件。

③ 在“测试项目”栏目点击“设置参数”，在“温度控制”栏目里设置前板、中板、后板的实验温度（测试高密度聚乙烯时均设定为 180℃），在“转子控制”栏目里设置转子速度（测试高密度聚乙烯时设定为 60r·min^{-1}）。

④ 点击“温度控制”栏目中的“加热开关”，开始加热密炼室（绿灯表示加热状态，闪烁表示恒温状态）。

⑤ 在“测试操作”栏目点击“新建测试”，选择文件保存路径，然后点击“下一步”。

⑥ 输入实验信息，如单位、时间、操作者、样品名、牌号、添加剂、重量等，点击“确认”。

⑦ 在“测试操作”的“转子控制”界面点击“转子启停”，启动转子，待转子转动

稳定。

⑧ 在“测试操作”栏目点击“开始测试”，并同时将聚合物试样加入加料筒，压上压料杆，加上载荷。电脑持续自动记录试样的熔体温度、转矩和测试用时，并给出转矩随时间变化和转矩随温度变化的曲线。

⑨ 当试样转矩达到平衡后（或达到预测的上升或下降状态后）就可终止实验。

⑩ 在“测试操作”栏目点击“停止测试”。

⑪ 点击“保存”。

⑫ 趁热清理密炼室、前中后加热板、压料杆和转子。

五、思考题

① 查阅资料，讨论聚氯乙烯的转矩随时间变化曲线。

② 论述转矩流变仪在聚合物加工中的应用。

③ 讨论转矩流变仪和旋转流变仪的区别。

参考文献

[1] GB/T 34917—2017　硬聚氯乙烯（PVC-U）制品凝胶化度的测定　转矩流变仪法.

[2] ASTM D2396—1994（2012）　用转矩流变仪测定聚氯乙烯（PVC）粉末混合时间的标准试验方法.

[3] ANSI/ASTM D3795—2000　转矩流变仪测定热固性塑料的热流量和固化特性的方法（15.04）.

[4] ASTM D3795—2000a（2012）　用转矩流变仪测定可浇注的热固材料的热流性、固化性及性能特性的标准试验方法.

实验三　塑料密度和相对密度的测定

一、实验目的

① 了解高分子材料密度和相对密度的定义及测试原理。

② 掌握密度天平测定塑料密度和相对密度的方法和操作。

二、实验原理

材料的密度与其组成、化学结构、形态结构密切相关。密度是评价材料或产品的重要指标之一，在材料或产品的设计和加工中常常被纳入指标体系。人们可以通过原料的密度参数来设计和控制产品的质量和体积，调控产品的比强度、比模量等重要力学性能指标等。在实际生产控制中，通常通过添加各种填料和助剂改变塑料的机械力学性能和加工性能，而通过密度测定可实现产品的品质控制。对于高分子材料，密度还与结构规整度、结晶度等密切相关。因此，材料密度及相对密度的测定也常用于高分子材料的物理结构状态、结晶度的研究等。不同塑料的密度也有所不同，因此也可利用密度测定来鉴别区分塑料。

密度（density）是在规定温度下单位体积物质的质量。温度 t℃时的密度用 ρ_t 表示，单位为 $kg \cdot m^{-3}$，或 $g \cdot cm^{-3}$ 或 $g \cdot mL^{-1}$。

相对密度（relative density）是一定体积物质的质量与同温度下等体积参比物质的质量之比，符号为 d，温度 t℃时的相对密度用 d 表示，无量纲量。一般参比物质为水（4℃，纯水）或标准状态下的空气。

温度 t℃时的密度与比重可按下式进行换算：

$$d = \rho_t / K$$

式中，d 为温度 t℃时试样的比重；ρ_t 为温度 t℃时试样的密度；K 为温度 t℃时纯水的密度。

测量塑料密度的方法有很多种，包括：浸渍法，适用于板、棒、管等形态的试样；比重瓶法，适用于粉、粒、膜、纤维等试样；浮沉法，适用于板、棒、管、粒等试样；密度梯度法及密度计法，试样适用范围与浮沉法相同。但是最普遍而且快捷的方法是用电子密度计来测量，这种仪器能实现不规则样品的快速准确测量，可满足生产及研究过程对材料密度精确测量的要求。

电子密度计利用高精密电子分析天平分别计算出待测样品在空气中的质量 (m_1) 和在水中的质量 (m_2)，并计算出 $m_1 - m_2$ 值，取水的密度 $\rho_{水}$ 为 $1g \cdot cm^{-3}$，通过 $V_{样品} = V_{排水}$ 等式，就可计算出样品的密度值：

$$\rho = \rho_{水} m_1 / (m_1 - m_2)$$

如果待测样品为液体，则利用一个已知体积和密度的标准块作为参考物，通过标准块的体积 $V_{标准块}$、标准块在空气中质量 (m_1) 和在液体中质量 (m_2) 可计算出样品的密度：

$$\rho_{液} = (m_1 - m_2) / V_{标准块}$$

三、实验仪器和材料

1. 仪器

ZMD 电子密度仪，如图 2-6 所示，测量范围 0～110g · cm^{-3}，分辨率 0.0001g · cm^{-3}。

2. 材料

各种塑料块，约 1cm^3，规则或不规则均可。

图 2-6 电子密度仪

四、实验步骤

① 预热。接通仪器，电源显示 Off 状态，预热 60min 以上（在 Off 状态即可）。

② 校准仪器。将单层称重盘挂在吊钩上，按“去皮”键，仪器稳定显示全零（0.0000g）。按“校准”键，仪器显示“C-100”，这时将随机所附的标准砝码放在秤盘上，等待仪器内部自动校准。当显示屏显示“100.000g”时，且蜂鸣器“嘟”响一声后，表示“校准”完成。取下校准砝码，仪器显示为“0.0000g”。如果不归零，则按上述方法再校准一次。

③ 塑料密度测试（相对密度测试）

a. 按“模式”键，使液晶屏显示 P 状态，如图 2-7 所示。

b. 将纯水倒入玻璃杯中，液面应与玻璃杯口有适当距离，并放置在工作台上。

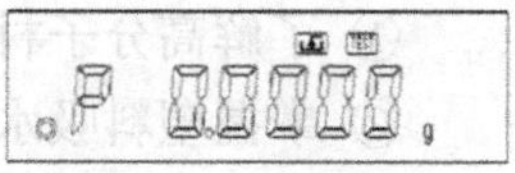

图 2-7　密度测试模式

c. 将双层盘挂在仪器吊钩上，双层盘的下秤盘浸没在盛有纯水的大玻璃杯中，如图 2-8 所示，按“去皮”键，仪器显示“0.0000g”。

d. 将被测试样放在上秤盘上，如图 2-9 所示，这时液晶屏上会显示该试样的质量。

e. 待数值稳定后，按下“测试”键，这时屏幕上显示的“P”变成“F”。然后轻轻取下试样，再小心将它放到浸没在纯水介质的下称盘中，并确保试样完全浸没在纯水中，如图 2-10 所示。待数值稳定后，再按一次“测试”键，这时液晶屏幕上显示的就是该试样的密度。

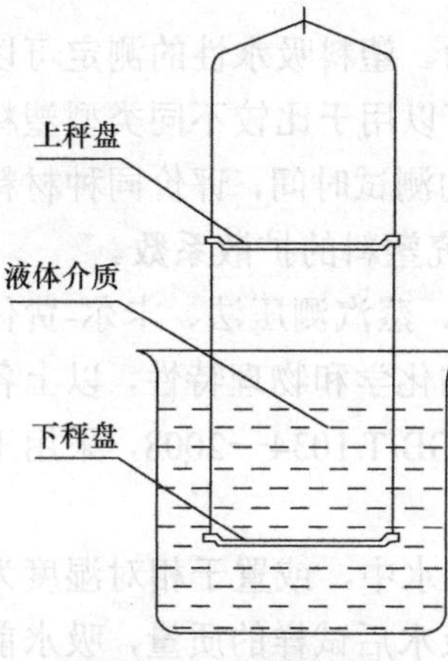

图 2-8　双层盘安装

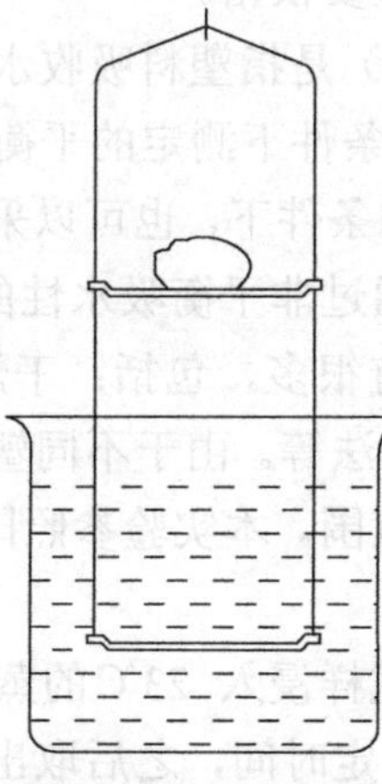

图 2-9　试样称重

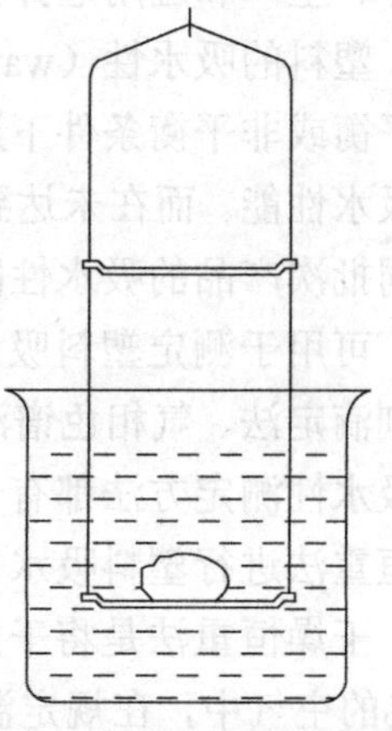

图 2-10　试样密度测试

五、数据记录和处理

记录不同聚合物试样的质量及密度。

六、思考题

① 测试操作中，将塑料试样放入水中应注意什么问题？

② 不同牌号的同种高分子材料密度是否相同？为什么？

参考文献

[1] GB/T 1033.1—2008　塑料　非泡沫塑料密度的测定　第 1 部分：浸渍法、液体比重瓶法和滴定法.

实验四　塑料吸水性的测定

一、实验目的

① 了解高分子材料的吸水性和测试原理。
② 掌握塑料吸水性的测定方法和操作。

二、实验原理

吸水性是高分子材料的一个重要性能指标。一些高分子材料吸水后，可能会导致其外观形变；也可能使其电学、物理和机械力学性能发生改变；还可能引起材料（或复合材料）中的可溶物质溶出，从而影响其应用性能。对于一些高吸水材料或多孔高分子吸附材料，其吸水性大小是应用性能的直接体现。因此，高分子材料吸水性的测定，为高分子材料的设计、生产和应用选择提供了一个重要依据。

塑料的吸水性（water absorption）是指塑料吸收水分的能力。塑料吸水性的测定可以在平衡或非平衡条件下进行。在平衡条件下测定的平衡吸水量可以用于比较不同类型塑料的吸水性能。而在未达到吸水平衡的条件下，也可以采用规定的测试时间，评价同种材料不同批次产品的吸水性能，也可以通过非平衡吸水性的测定研究塑料的扩散系数。

可用于测定塑料吸水性的方法有很多，包括：干燥恒重法、蒸汽测压法、卡尔-费休试剂滴定法、气相色谱法、红外光谱法等。由于不同塑料制品的化学和物理特性，以上各种吸水性测定方法都有一定的适应范围。本实验参照国家标准 GB/T 1034—2008，采用干燥恒重法进行塑料吸水性的测定。

干燥恒重法是将干燥恒重后的试样浸入 23℃的蒸馏水或沸水中，或置于相对湿度为 50%的空气中，在规定温度下放置一定时间，之后取出，称量吸水后试样的质量，吸水前后的质量差即为试样的吸水量。如有必要，可测定干燥除水后试样的失水量。根据试样的起始质量或面积，可以计算质量吸水百分率或单位面积吸水量。

质量吸水百分率用式（2-1）或式（2-2）计算：

$$W_m = [(m_2 - m_1)/m_1] \times 100\% \tag{2-1}$$

$$W_m = [(m_2 - m_3)/m_1] \times 100\% \tag{2-2}$$

式中，W_m 为质量吸水百分率；m_1 为浸泡前试样的质量，mg；m_2 为浸泡后试样的质量，mg；m_3 为浸泡和最终干燥后试样的质量，mg。

在一些情况下，也可以使用相对于最终干燥后试样的质量来表示吸水百分率[式(2-3)]。

$$W_m = [(m_2 - m_3)/m_3] \times 100\% \tag{2-3}$$

塑料试样的吸水性测试受试样尺寸、材质均匀性、实验环境条件、实验温度等的影响。实验试样可用模塑或机械加工方法制备。不同类型试样的尺寸要求如表 2-6 所示。

表 2-6 试样尺寸要求

试样类型	试样尺寸
模塑料	长、宽 60mm±2mm，厚度 1.0mm±0.1mm 或 2.0mm±0.1mm 的方形试样
管材	直径≤76mm 时，沿径向切取 25mm±1mm 长的一段； 直径>76mm 时，沿径向切取长 76mm±1mm，宽 25mm±1mm 的样片
棒材	直径≤26mm 时，切取 25mm±1mm 长的一段； 直径>26mm 时，切取 13mm±1mm 长的一段
片或板材	边长为 61mm±1mm 的正方形，厚度 1.0mm±0.1mm
成品、挤出物、薄片或层压片	按方形试样要求；或被测材料长、宽 61mm±1mm，一组试样有相同的形状（厚度或曲面）
各向异性增强塑料	边长≤100×厚度

三、实验仪器和材料

1. 仪器

电子天平　感量 0.1mg
烘箱　常温～200℃，控温精度±2℃
干燥器　内装有干燥剂
恒温水浴　控温精度±0.1℃
量具　精度 0.02mm

2. 材料

每种材料采用模塑或机械加工方法各制备 3 个试样，尺寸按表 2-6 要求。

四、实验步骤

① 将试样放置于 50℃±2℃的烘箱中干燥 24h，移置干燥器内，冷却至室温称量，每个样品精确到 0.1mg，并测量试样尺寸。重复本步骤至试样的质量变化在±0.1mg 内。

② 将一组（3 个）恒重后的试样浸入 23℃±0.1℃的恒温水浴中，并保证试样不相互接触，且不沉在容器底部，保持 24h±1h。

③ 浸泡 24h 后，取出试样，用洁净干布或滤纸迅速擦去试样表面的水，称量每个试样质量，精确至 0.1mg。试样从水中取出后，应在 1min 内完成称量。

④ 当试样中含有溶于水的物质时，则还需将吸水后的试样在 50℃±2℃的烘箱中干燥 24h，然后移至干燥器中冷却至室温，再称量其质量，从而计算溶于水的组分质量。

五、数据处理

试样的吸水量

$$W = m_2 - m_1$$

试样单位面积吸水量

$$W_S = (m_2 - m_1)/S$$

试样质量吸水百分率

$$W_m = [(m_2 - m_1)/m_1] \times 100\%$$

式中，W为试样的吸水量，mg；W_m为质量吸水百分率；W_S为试样单位面积吸水量，mg · cm^{-2}；m_1为浸泡前试样的质量，mg；m_2为浸泡后试样的质量，mg；S为试样的表面积，cm^2。

六、思考题

高分子的主链和基团对材料吸水性有何影响？

参考文献

[1] GB/T 1034—2008 塑料 吸水性的测定.

实验五　塑料中重金属及卤素的测定

一、实验目的

① 了解高分子材料中重金属和卤素等的危害。

② 了解能量色散 X 射线荧光（energy dispersive X-ray fluorescence，ED-XRF）分析的测试原理。

③ 掌握 ED-XRF 光谱仪测定方法和操作。

二、实验原理

随着社会的进步和人们生活水平的不断提升，高分子材料的应用日益广泛，在家用电器、信息技术及通信设备、电动工具、玩具、食品包装、饮水管材、医疗器械、日用品（如刀叉、吸管、塑料砧板）等领域的应用迅速增长。由于高分子材料在生产和加工过程中需要添加各种助剂，如增塑剂、热稳定剂、抗老化剂、交联剂、填料、着色剂等，因此可能在高分子材料中带入有害的重金属或卤素等。这种含有重金属或卤素等有害成分的高分子材料在生产、加工、使用和废弃过程中会造成严重的环境污染，或者直接接触人体造成毒害。所以，高分子材料中重金属及卤素的问题已经引起国际社会的高度重视。欧盟立法制定了一项强制性标准《关于限制在电子电气设备中使用某些有害成分的指令》(Restriction of Hazardous Substances，简称 RoHS)，于 2006 年 7 月 1 日开始正式实施，用于规范电子电气产品的材料及工艺标准，目的在于消除电子电气产品中的铅、汞、镉、六价铬、多溴苯酚和多溴二苯醚等有害物质。RoHS 指令规定 2006 年 7 月 1 日以后出售的设备所含有有害物质必须低于规定的最大浓度值（均质材料中所含有的铅、六价铬、汞、多溴苯酚及多溴二苯醚的含量为 0.1%，镉含量为 0.01%）。中国工业和信息化部也于 2006 年颁布了《电子信息产品污染控制管理办法》，要求对电子信息产品中有毒有害物质（铅、镉、汞、六价铬、多溴联苯、多溴二苯醚）进行标识和目录管理。有些直接与人体接触的产品如餐具、食品包装等也有相关的国家标准，规定其金属离子等有害物质的含量。因此，在高分子材料的加工过程中，对原材料中重金属和卤素的测定是很有必要的。

X 射线荧光分析是确定物质中微量元素种类和含量的一种方法。它是利用原级 X 射线激发待测物质中的原子，使之产生次级的特征 X 射线（X 光荧光），从而进行物质化学态研究和成分分析。当 X 射线照射到测试样品上时，受照射区域物质组成元素的内层电子会因受到 X 射线轰击而溢出，为保持其内部平衡，该原子 L 层或 M 层的外层电子会补充这个电子空位。由于 K 层电子与 L/M 层电子能量不同，补位电子会释放出多余能量，该能量的表现形式为 X 荧光（跃迁）。用探测器采集此荧光的信息，经过分析后就可获得元素种类及组成比例的信息，其仪器原理见图 2-11。

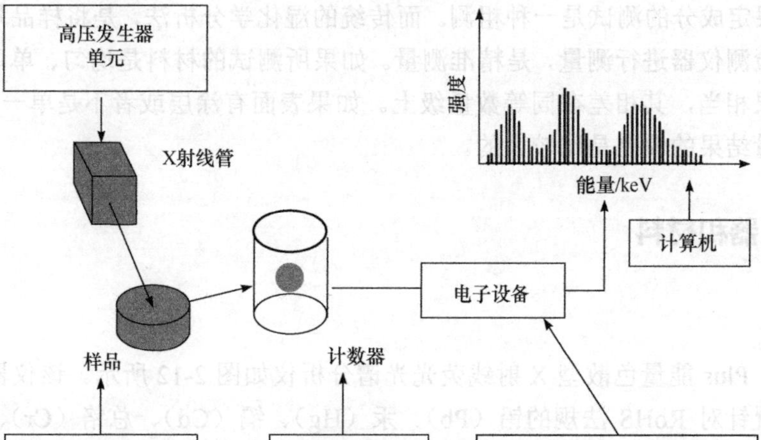

图 2-11　X 射线荧光分析仪原理

根据分光方式的不同，X 射线荧光分析可分为能量色散和波长色散两类。通过测定荧光 X 射线的能量实现对被测样品分析的方式称为能量色散 X 射线荧光分析，相应的仪器称为能量色散 X 射线荧光（ED-XRF）能谱仪。通过测定荧光 X 射线的波长实现对被测样品分析的方式称为波长色散 X 射线荧光分析，相应的仪器称为波长色散 X 射线荧光（WD-XRF）光谱仪。本实验使用 ED-XRF 能谱仪进行塑料中重金属和卤素的测定。

不同元素的荧光 X 射线具有各自的特定波长，因此根据荧光 X 射线的波长可以确定元素的组成。在定性分析时，可以靠计算机自动识别谱线，给出定性结果。但是如果元素含量过低或存在元素间的谱线干扰时，仍需人工鉴别。

X 射线荧光光谱法进行定量分析的依据是元素的荧光 X 射线强度 I_i 与试样中该元素的含量 W_i 成正比：

$$I_i=I_sW_i \tag{2-4}$$

式中，I_s为W_i=100%时，元素i的荧光X射线强度。

根据式（2-4），可以采用标准曲线法、内标法等进行定量分析,但是这需要使标准样品的组成与试样的组成尽可能相同或相似。

为了避免试样的基体效应或共存元素给测定结果造成的偏差，X射线荧光光谱定量方法一般采用基本参数法。该方法是在考虑各元素之间的吸收和增强效应的基础上，用标样或纯物质计算出元素荧光X射线理论强度，并测其荧光X射线的强度。将实测强度与理论强度比较，求出该元素的灵敏度系数。测未知样品时，先测定试样的荧光X射线强度，根据实测强度和灵敏度系数设定初始浓度值，再由该浓度值计算理论强度。将实测强度与理论强度比较，并使用计算机进行多次修正，使两者达到预定精度。该方法可以认为是无标样定量分析。

采用XRF测定塑料中重金属和卤素有以下优点：①检测时间较快；②实验清洁，危害小；③样品保持完整；④多元素同时分析；⑤成本低；⑥实验操作容易掌握；⑦可适应于现场分析。但也存在一些缺点，例如：准确度相对较低；只能对元素进行分析，不能分析化合物；干扰较大等。

应该注意的是，X荧光测试设备属于表面测试，对不同物质，表面穿透能力不一样，其对RoHS限定成分的测试是一种粗测。而传统的湿化学分析法，是将样品均匀溶解，然后使用化学检测仪器进行测量，是精准测量。如果所测试的材料是均匀、单质的样品，两者的测量结果相当，其相差在同等数量级上。如果表面有涂层或者不是单一、均质材料，那么两者测量结果的偏差是比较大的。

三、实验仪器和材料

1. 仪器

Ux-2100 Plus能量色散型X射线荧光光谱分析仪如图2-12所示。该仪器内置工作曲线，标准配置针对RoHS法规的铅（Pb）、汞（Hg）、镉（Cd）、总铬（Cr）、总溴（Br）和总氯（Cl）六个元素的工作曲线。例如塑胶材料中聚乙烯（PE）、聚氯乙烯（PVC）和工程塑料（ABS）的工作曲线等。

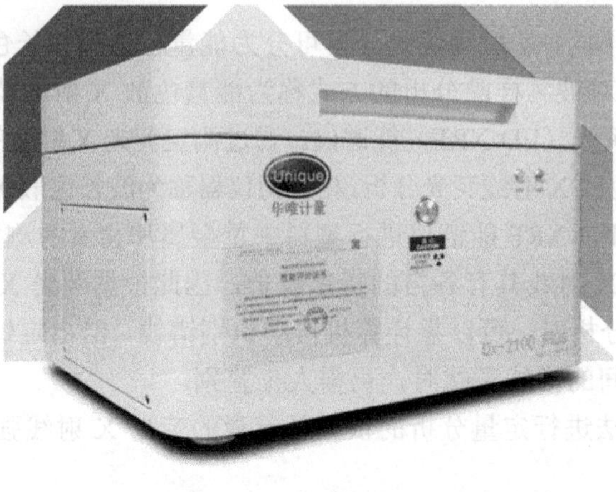

图2-12 Ux-2100 Plus能量色散型X射线荧光光谱分析仪

仪器的主要技术指标如下。

① 仪器尺寸：[520（W）×400（D）×355（H）]mm。

② 样品室尺寸：（420×320×65）mm。

③ 测试元素范围：Al～U。

④ 检测限（PE 测试）：Pb/Hg，0.3×10^{-6}；Cd，1.3×10^{-6}；Cr，4.3×10^{-6}；Br，0.1×10^{-6}；Cl，10×10^{-6}。

⑤ 测试样品类型：固体、粉末和液体。

⑥ 测试时间：120～400s（系统自动调整）。

⑦ 整机分辨率：（160±5）eV（MnKa）。

⑧ 输入电源：AC220～240V，50/60Hz。

⑨ 额定功率：250W。

⑩ 工作环境温度：15～30℃。

⑪ 工作环境相对湿度：≤75%。

2. 材料

测试的样品应是单一、均质的材料，即所测试的塑料样品不能和金属掺杂在一起。塑料样品厚度为 3～5mm。规则的样品可直接放在测试窗口测试；条状的样品横向放置测试。当样品面积小于 X 射线照射光斑的面积时，可通过将样品拼接、堆积等方式满足测试；对于结构疏松的固体，可压实后测试。

四、实验步骤

① 打开电脑，开启仪器电源。

② 双击电脑桌面上 Ux-2100 软件图标，开启和登录程序。

③ 在 X 射线管设置对话框中勾选“打开高压电源”按钮，然后单击确定，待管压、管流升至设定值。

④ 待仪器预热 30min 后，使用银校片对仪器进行校准。微调合适后就可以进行正常检测。

⑤ 打开仪器样品室，放入被测样品，输入样品信息，选择测试条件。

⑥ 点击“开始测量”按钮，在弹出确认对话框后点击“开始”进行测试。

⑦ 样品测试完成后，软件将依据工作曲线设定的报告模板格式自动生成测试报告，并弹出“打印报告预览对话框”，测试完成。测试生成的报告可以用 PDF、Excel 等格式存为电子文档，也可以直接输出至打印机，打印后进行纸质存档。

⑧ 测试完毕后，点击“设置 X 射线管”按钮，在出现的对话框里点空“打开高压电源”按钮，然后点击确定。待管压、管流降至初始值，点击操作界面右上角的“关闭按钮”。

⑨ 待软件关闭后，关闭仪器电源。

五、数据记录和处理

在计算机页面“打印报告预览对话框”中选择生成测试报告，输出至打印机，打印测试结果。

六、思考题

① 塑料中重金属及卤素的测定有何意义？

② 影响测试结果准确性的因素有哪些？

参考文献

[1] GB/T 33352—2016 电子电气产品中限用物质筛选应用通则 X射线荧光光谱法.

[2] DIRECTIVE 2011/65/EU OF THE EUROPEAN PARLIAMENT AND THE COUNCIL of 8 June 2011 on the restriction of the use of certain hazardous substances in electrical and electronic equipment.

[3] SJ/T 11365—2006 电子信息产品中有毒有害物质的检测方法.

[4] GB/T 26572—2011 电子电气产品中限用物质的限量要求.

第三单元　高分子材料成型加工实验

第一节　挤出成型

实验六　聚丙烯挤出造粒

一、实验目的

① 了解热塑性塑料的挤出工艺以及造粒加工过程。

② 熟悉热塑性塑料挤出和造粒加工设备及操作规程。

③ 掌握聚丙烯挤出工艺条件，制备改性聚丙烯粒料。

二、实验原理

挤出成型也称挤出模塑成型，是热塑性塑料成型加工的重要方法之一。凡是截面形状一致的制品均可采用挤出成型的方法，如：管材、棒材、板材、薄膜、丝、电线电缆、造粒等，也可以将塑料与其他非塑料材料复合，制备如电线电缆、铝塑复合管材及密封嵌条、增强输送带、塑钢窗型材、轻质隔墙板等。根据制品和原料的要求不同，采用单螺杆挤出机或双螺杆挤出机，并配置各种产品所需的机头和辅机即可。挤出反应工艺也可制得满足工艺需求的综合性能优良的改性高分子材料。

挤出过程分为两个阶段：第一阶段是使固态树脂塑化，即变成黏性流体，并在加压下使其通过特殊形状的口模而成为截面与口模形状相似的连续体；第二阶段则是通过冷却凝固、切断等工序得到成型制品。

合成树脂大多呈粉末状，粒径小而松散，成型加工不方便。此外，合成树脂中经常需要加入各种助剂才能满足塑料等制品的要求，为此，就要将树脂与各种助剂混合塑炼制成颗粒，这步工序称为造粒。造粒可使配方均匀，空气含量减少，后续加工制品不容易产生气泡；物料被压实到接近制成品的密度，使成型操作容易完成。树脂中加入功能性助剂可以制成功能性母料，成型时功能性母料比直接添加的功能性助剂更容易分散。两种以上树脂共混挤出还可制备高分子合金材料。

塑料造粒可以使用辊压法混炼，塑炼出片后切粒，也可以使用挤出法造粒。挤出造粒操作连续、机械杂质混入少、产量高、劳动强度小。无论何种方法，均要求粒料颗粒大小均匀，色泽一致，外形尺寸不大于4mm。

挤出成型的主要设备是挤出机。塑料挤出机最常用的设备为螺杆挤出机，它又分为单螺杆挤出机和双螺杆挤出机。螺杆挤出机的大小一般用螺杆直径（D）表示，根据所制产品的形状大小和生产率决定。其基本结构包括：传动装置、料筒、螺杆、机头和口模等部分。

（1）传动装置

传动装置为带动螺杆转动的部分，由电动机、减速系统和轴承等部件组成。这部分装置保证了挤出过程中螺杆转速恒定、制品质量稳定，并具有变速作用。

（2）加料装置

无论原料是粒状、粉状还是片状，加料装置都采用加料斗。料斗内可设有定量供料及内干燥或预热等装置。

（3）料筒

料筒是挤出机的主要部件之一，塑料的混合、塑化和加压过程都在其中进行。挤压时料筒内必须承受较高的压力和 180～300℃的温度，因此料筒通常由高强度、坚韧耐磨和耐腐蚀的合金钢制成。料筒外部设有分区加热和冷却的装置，各自带有热电偶和电磁阀等。

（4）螺杆

螺杆是挤出机的关键部件，通过它的转动，料筒内的物料才能发生移动，得到增压和部分热量（摩擦热）。螺杆的几何参数，如直径（D）、长径比（L/D）、各段长度比例、螺槽深度及螺纹断面形状等，是螺杆特性的重要参数，对螺杆的工作特性有重大影响。增大长径比可使塑化更均匀、挤出过程更稳定，挤出机的生产能力提高，但是过大的长径比会导致功率消耗增大，挤出机温度过高的现象。

按照物料在螺杆上运转的情况可分为送料、熔化和计量三段，螺杆在这三段的作用有所不同。①自物料入口向前延伸一段距离（约 $2D$～$10D$）为送料段，塑料在这段中依然是固体状态。螺杆主要作用是使物料受热前移，螺槽深度一般不小于 $0.1D$，且等距等深。②螺杆中部的一段为熔化段（压缩段），在这段内物料除受热和前移外，由粒状固体逐渐压实并软化为连续状的熔体，同时还将夹带的空气向送料段排出。通常这段螺槽深度逐渐缩小，以便于物料的升温和熔化。并且，由于靠近机头端，滤网、分流板和机头的阻力会使物料所受的压力逐渐增大，进一步被压实。这段的长度与物料性能有关，通常为 $5D$～$15D$。③螺杆的最后一段为计量段（均化段），其作用是使熔体进一步塑化均匀，使物料流定量、定压地由机头流道均匀挤出。这段的螺槽截面比前两段都小，螺槽深度为 $0.02D$～$0.06D$，长度一般为 $4D$～$7D$。

（5）机头和口模

机头是口模与料筒之间的过渡部分，其长度和形状随所用塑料的种类、制品的形状、加热方法及挤出机的大小和类型而定。口模是成型部件，它使物料形成规定的横截面形状和尺寸，通常口模是用螺栓固定在机头上。在口模和螺杆头之间的过渡区经常设置分流板和过滤网。其作用是使物料流由螺旋运动变为直线运动，并阻止未熔融的粒子进入口模，滤去金属等杂质。此外，分流板和过滤网还可以提高熔体压力，使制品更加密实，当物料通过孔眼时，得以进一步均匀塑化，以控制塑化质量。

塑料挤出时还需要一些辅助设备：

① 挤出前处理物料的设备，如烘箱或沸腾干燥器，吸湿性塑料原料在加工前必须经过严格的干燥处理，见附 1。

② 控制生产的设备，如温度控制器、挤出机启动装置、电流表、压力表和螺杆转速表等。

③ 处理挤出物的设备，如用作冷却、牵引、卷取、切断和检验等的设备。

本实验采用聚丙烯（PP）为原料，并利用成核剂改性 PP 或用无机填料与 PP 形成复合材料，或将 PP 与聚乙烯（PE）等共混形成合金或共混材料，经双螺杆挤出机挤出成型得到圆条状制品，再利用切粒机冷切成圆柱形颗粒。采用差示扫描量热仪（DSC）测试挤出粒料的结晶性能。

三、实验仪器和材料

1. 仪器

南京恒奥 SHJ-20 同向平行双螺杆挤出机，长径比 40；冷却水槽；烘箱；切粒机等。其中挤出机基本构造如图 3-1 所示。

2. 材料

聚丙烯、纳米碳酸钙等无机填料、成核剂、聚乙烯、色料。

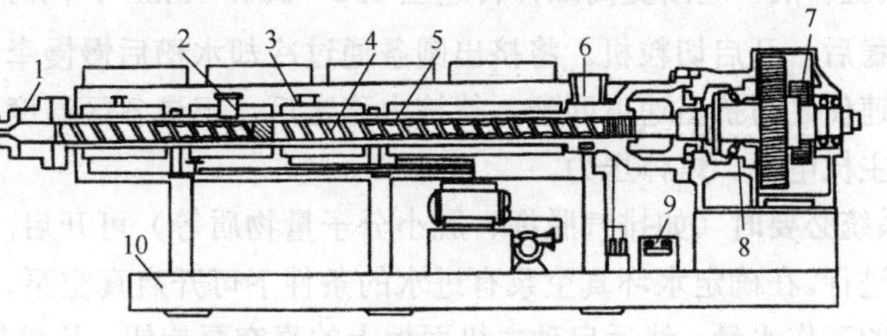

图 3-1 双螺杆挤出机结构

1—机头；2—排气口；3—加热冷却系统；4—螺杆；5—料筒；
6—加料口；7—减速箱；8—止推轴承；9—润滑系统；10—机架

四、实验步骤

1. 混料

将聚丙烯分别与聚乙烯（10 份以内）、无机填料（2～15 份）以及成核剂（1‰～5‰）等混合，按照设计配方称取物料，利用高速混合器对物料进行混合，将混合好的物料利用烘箱进行烘干处理。

2. 拟定挤出工艺参数

① 挤出机各区加热温度。挤出机操作温度按五段控制，机身部分三段，机头部分两段。机身：加料段 180～190℃，压缩段 200～210℃，计量段 210～220℃；机头：210～220℃，口模：200～210℃。

② 螺杆转速。0～350r · min^{-1}，视熔体的流动情况而定。一般先在较低的转速下运行至稳定，待有熔融的物料从机头挤出后，再继续提高转速。

③ 喂料机转速。0～20r · min^{-1}，视螺杆转速而定，防止喂料过快造成主机电流过大。

④ 切粒机转速。视挤出圆条的速度逐渐调节，使得待切割圆条粗细适中，直径 2～3.5mm。太粗造成物料无法切断，太细易缠绕牵引辊。

3. 操作挤出机

① 开机前的检查与准备。检查料筒及切料机内部是否清洁干净，进出水连接是否正常。

② 合上电源闸，扭动主机操作面板的急停按钮开机，观察显示屏是否正常。

③ 直接按住“∧”或“∨”键，设定挤出机各加热区的温度。PP 挤出时各区温度通常设定为 190℃、200℃、210℃、220℃、220℃、210℃。

④ 打开冷凝水阀，控制水流使冷却水槽的水量保持在一定水位。

⑤ 待各区温度达到设定值后，开启主机面板的水泵旋钮，启动内循环蒸馏水冷却系统（当各段温度与设定温度相差不大时，如在 ± 5℃范围，不使用此系统）。开启风机。

⑥ 启动主机，逐渐调节转速为 60～80r · min^{-1}。启动喂料机，调转速先慢后快至 10r · min^{-1} 左右。将 PP 清洗料倒入料筒，观察喂料机进料情况。此时应注意主机电流不超过 8A，否则主机过载保护会导致自动停机。待清洗料熔料挤出后，观察其颜色变化，当挤出物无杂质及其他颜色变化时，可加入实验料。

⑦ 加入实验料后，逐渐提高螺杆转速至 250～300r · min^{-1}，同时注意压力显示仪表。待熔料挤出平稳后，开启切粒机。将挤出圆条通过冷却水槽后慢慢牵引入切粒机进料口，调节切粒机转速使之与挤出速度匹配。待挤出稳定后，记录各区温度、料温、主机转速、喂料机转速、主机电流、熔体压力。

⑧ 真空系统必要时（如排气脱挥、脱小分子量物质等）可开启，通常在主机进入稳定运转状态后进行。在确定水环真空泵有进水的条件下可开启真空泵。打开真空泵进水阀，调节控制适当的工作水量，然后启动主机面板上的真空泵旋钮。从排气口观察，若螺槽中物料塑化完全且不冒料时，即可打开调节真空管路的阀门，盖上排气室上盖，将真空度控制在要求的范围内。关闭真空系统步骤为：先关闭真空管路控制阀门，然后按停真空泵旋钮，再关真空泵进水阀。

⑨ 料筒中的塑料完全挤出后，用低密度聚乙烯（LDPE）树脂清理料筒，关闭切粒机。

⑩ 停机程序。先关闭风机，然后，将喂料机的转速调整到 0，关闭喂料机。将主机转速逐渐调为 0，关闭主机。关闭水泵，按下急停按钮，拉下电源闸。最后，关闭总水闸。将冷却水槽的水排空。

⑪ 将收集的挤出物 120℃干燥后称重，存放备用。另取少量粒料进行 DSC 测试。

⑫ 清洁料斗、切粒机和水槽等。将挤出的废料回收至指定容器，清扫场地。

五、数据记录和处理

1. 实验原料及配方

实验原料及配方见表 3-1。

表 3-1　实验原料及配方

原料名称	型号	生产厂家	用量/份

2. 实验条件

仪器设备型号、生产厂家：

螺杆长径比：

挤出机各区加热温度：

螺杆转速：

平稳挤出时的转矩和压力：

平稳挤出时的切粒机转速：

3. 挤出造粒颗粒外观及性能分析

通过 DSC 测试塑料粒料的结晶性能，分析成核剂、无机填料及共混物 PE 对 PP 的结晶性能的影响。

【附 1】常见塑料加工前干燥条件及加工模具温度（表 3-2）

表 3-2　常见塑料加工前干燥条件及加工模具温度

热塑性塑料	成型温度/℃	预干燥温度/℃	预干燥时间/h	模具温度/℃
LDPE	150～235	—	—	20～60
HDPE	175～260	—	—	10～60
PP	190～280	—	—	10～60
PS	180～260	—	—	20～60
PC	250～320	100～120	4～10	70～120
ABS	180～240	75～85	2～4	50～80
PA6	235～280	80～100	2～10	60～100
PA66	250～300	80～100	2～10	60～120
PVC	165～200	80～100	2	10～60
POM	175～230	80～100	2～4	60～100
PPO	240～315	80～120	2～4	80～120
PMMA	180～260	70～80	2～6	40～90

六、思考题

① 挤出物表面粗糙的原因及消除方法？

② 挤出物变色的原因及消除方法？

③ 挤出物中间夹杂气泡的原因及消除方法？

参考文献

[1] 何震海，常红梅，郝连东. 挤出成型. 北京：化学工业出版社，2007.

实验七　聚乙烯塑料管材挤出成型

一、实验目的

① 掌握挤出聚乙烯管材基本工艺流程和操作方法。
② 了解挤出聚乙烯管材主机和辅机的基本结构。

二、实验原理

塑料管材是采用挤出成型方法生产的重要产品，它的主要生产设备是挤出机，生产工艺成熟，成型加工设备简单易操作，可以连续生产。塑料管材挤出成型原料的主要成分是各种树脂，辅助原料有增塑剂、热稳定剂、润滑剂、着色剂和填充料。此外，根据塑料管的工作条件需要，还可以在以树脂为基础的混合料中加入一些抗氧剂、光稳定剂、发泡剂、阻燃剂和抗静电剂等具有特殊功能的助剂。塑料管挤出成型应用的主要原料有：聚乙烯、聚丙烯及无规共聚聚丙烯、聚氯乙烯、氯化聚氯乙烯、聚酰胺、ABS（丙烯腈-丁二烯-苯乙烯共聚物）、聚苯乙烯、聚甲醛等树脂。

聚乙烯塑料管质轻、无毒、表面光滑、韧性好、耐磨、耐腐蚀，可以卷绕，安装施工较方便，价格便宜。目前，挤出管材的直径和壁厚已系列化和标准化，可替代金属管材、水泥管材等，在城市给排水、农用灌溉、建筑等领域广泛应用。

管材挤出生产时，高密度聚乙烯（HDPE）在单螺杆挤出机中，经加热熔融、剪切混合、排气、塑化均化，然后挤出到圆形口模成型，真空冷却定型，最终成为管材产品。HDPE管材挤出成型时，机筒温度从加料段至均化段分别是：100～130℃、140～160℃、170～190℃，成型模具温度170～200℃（从进料口至口模温度逐渐升高）。低密度聚乙烯和线型低密度聚乙烯管材挤出成型时，机筒温度从加料段至均化段分别是 90～120℃、130～150℃、160～190℃，成型模具温度 160～190℃。

挤出管材的生产线由主机和辅机两部分组成，主机是挤出机，辅机包括机头、定型装置、冷却装置、牵引装置和切割装置等，如图 3-2 所示。

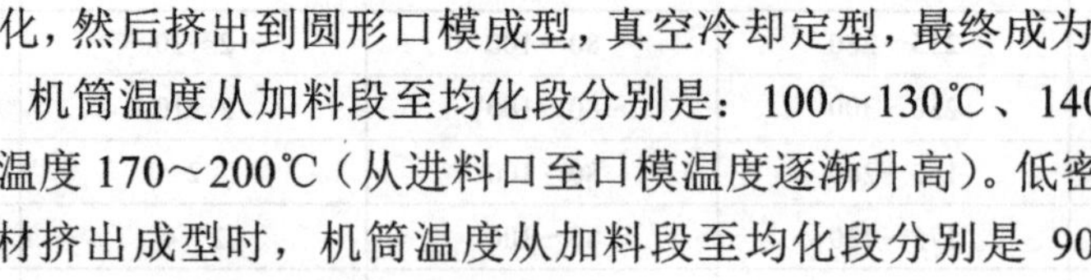

图 3-2　挤出管材生产线

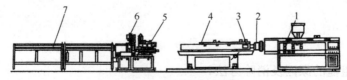

1—挤出机；2—机头；3—定型装置；4—冷却装置；5—牵引装置；6—切割装置；7—管材储存输送装置

1. 主机——挤出机

生产管材的挤出机可以采用单螺杆挤出机，也可采用双螺杆挤出机。生产交联聚乙烯管材时则采用反应式挤出机，它的螺杆具有较大的螺杆长径比并设有特殊的螺杆反应段，另外机筒设有多个加料口。工作时，反应挤出的基础原料由加料斗从机筒的进料端加入，其他反应助剂则依据工艺条件从不同的机筒加料口定量泵入，选择适宜的螺杆结构和工艺温度使物料进行反应。

2. 辅机

（1）机头

它是管材制品获得形状和尺寸的部件。熔融塑料进入机头，即芯棒和口模所构成的环隙通道，流出后即成为管状物。芯棒和口模的尺寸与管材的内外径尺寸大小相对应。通常，口模直径和芯棒直径为管径的 0.9～2 倍，拉伸比（口模和芯棒所形成空间的截面积与挤出管材截面积之比）为 1.1～1.5。口模和芯棒的定径长度相同，一般为管材外径的 0.5～3 倍。配合适当的牵引速度，管材的壁厚均匀度可通过调节螺栓在一定范围内做径向移动得以调整。通常，挤出生产圆柱形聚乙烯管材时，口模通道的截面积不超过挤出机料筒截面积的 40%。挤管机头有两种类型：直通式机头和角式机头。由于直通式机头结构简单、制造容易，是常用的机头类型，如图 3-3 所示。但是，熔体通过该类型机头的分流梭支架会产生熔接痕。适当提高料筒温度、加长口模平直段长度等措施可以减轻熔接痕。

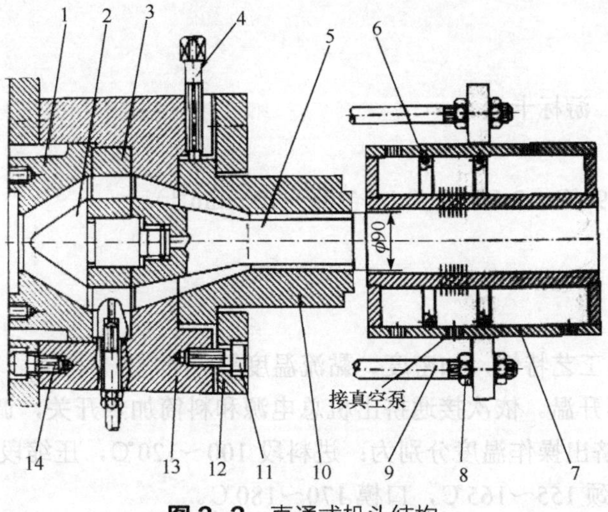

图 3-3　直通式机头结构

1—套；2—分流锥；3—分流锥支架；4—调节螺栓；5—芯棒；6—密封环；7—真空定径套；8—螺母；9—拉杆；10—口模；11—螺栓；12—压环；13—模具体；14—螺栓

（2）定型装置

由于从机头挤出的管材温度较高，为了获得尺寸精确、几何形状准确并具有一定光泽度的管材，必须对高温管材进行冷却定型。冷却方式分为外定径和内定径，目前管材生产以外定径为主。外径定型法的装置主要有内充气正压定型和负压真空定型两种，内充气法适用于口径较大的管材，而负压真空法适合各种管径的定型，通过真空吸附使管外表面紧贴在定径套内圆表面，保证了厚壁管冷却定型质量。聚乙烯管真空定径的真空度为–0.08～–0.06MPa。

（3）冷却装置

可将管材完全冷却到热变形温度以下。常用的有水槽冷却和喷淋冷却。管材直径为160mm以下的常采用浸泡式水槽冷却，冷却槽分24段，可以调节冷却强度，聚乙烯管冷却水温度为15～22℃。冷却水一般从最后一段通入水槽，使水流方向与管材挤出方向相反，这样能使管材冷却比较缓和，内应力小。直径200mm以上的管材在冷却水槽中浮力较大，易发生弯曲变形，采用喷淋冷却比较合适，即沿管材四周均匀布置喷水头，可以减少内应力，并获得圆度和直度更好的管材。

（4）牵引装置

是连续稳定挤出管材不可缺少的辅机装置。牵引速度的快慢是决定管材截面尺寸的主要因素之一。在挤出速度一定的前提下，适当的牵引速度，不仅能调整管材的厚度，而且可使分子沿纵向取向，提高管材机械强度。一般牵引速度比管坯从模具口挤出速度快些，增速控制在1%～10%范围内。牵引挤出管材的装置有滚轮式和履带式两种。直径较小的管材适合用滚轮式牵引机。履带式牵引机具有较大的牵引力，不易打滑，适用于大型管材。

（5）切割装置

可将连续挤出的管材根据需要的长度进行切割。切割时，刀具应保持与管材挤出方向同步向前移动，即同步切割，以保证管材的切割面是一个平面。

三、实验仪器和材料

1. 仪器

挤出管材机组、游标卡尺。

2. 材料

HDPE（*MFR* 190℃，2.16kg：0.1～7.0g · 10^{-1}min^{-1}）。

四、实验步骤

① 了解原材料工艺特性，如密度、黏流温度等。

② 挤出机预热升温。依次接通挤出机总电源和料筒加热开关，调节各段温度仪表设定值至操作温度。挤出操作温度分别为：进料段100～120℃，压缩段130～150℃，计量段150～160℃，机颈155～165℃，口模170～180℃。

③ 达到预定的条件后，保温10～15min。加入HDPE，启动主机，控制螺杆转速为20～30r · min^{-1}。观察挤出管坯的形状、表面状况等外观质量，并剪取一段坯料，测量其直径和壁厚，根据测量结果将加热温度、挤出速度、口模间隙等工艺和设备因素做相应调整，确定较适宜的工艺条件。

④ 管材引入辅机，调节定型装置，真空度控制在–0.05～–0.08MPa，开启冷却循环水，使管材平稳进入冷却水槽。开动其他辅机，设定牵引速度和切割速度，牵引速度设定比主机挤出速度快1%～3%。当挤出平稳后，截取3～5段试样，测试管材壁厚和性能。

⑤ 变动挤出速度和牵引速度，截取3～5段试样，测试管材壁厚的变化和性能的改变。

⑥ 实验结束，先关闭气源和水源，再切断电源。

五、数据记录和处理

① 管材的颜色及外观。查看管材表面颜色是否均匀，有无变色点；内外壁是否平整、光滑；是否有气泡、裂口、熔料纹、波纹、凹陷等。

② 管材规格尺寸。室温下，用精度为0.02mm的游标卡尺测量试样平均外径及偏差，同一截面的最大外径和最小外径，计算管材的不圆度（最大外径与最小外径之差）。通常，外径小于100mm的PE管材，最大不圆度小于1.8mm。

测量管材同一截面最大壁厚和最小壁厚，计算壁厚偏差（%），检查壁厚偏差（%）是否小于14%。计算公式如下：

$$\delta(\%)=(\delta_1-\delta_2)\times 100\%/\delta_1$$

式中，δ_1为管材同一截面的最大壁厚，mm；δ_2为管材同一截面的最小壁厚，mm。

六、实验注意事项

① 注意挤出成型用工艺温度的平稳，不允许有较大的温度波动。

② 熔料挤出速度及牵引速度要平稳，保证有较固定的牵伸比。

七、思考题

① 试分析影响HDPE管材壁光泽度的工艺因素有哪些？

② 试分析管材壁厚不均的原因？

参考文献

[1] 张丽珍，周殿明. 塑料工程师手册. 北京：中国石化出版社，2017.

[2] 肖汉文，王国成，刘少波. 高分子材料与工程实验教程. 北京：化学工业出版社，2019.

实验八　3D打印线材挤出成型

一、实验目的

① 了解3D打印线材挤出成型生产线的仪器结构及工作原理。

② 掌握控制挤出成型线材性能和质量的方法以及线材的性能检测方法。

③ 了解常用3D打印材料聚乳酸的加工成型性能。

二、实验原理

塑料线材的连续挤出是将塑料颗粒或粉末加入螺杆挤出机料斗内，经计量进入料筒内

第三单元

的螺杆螺槽中，在螺杆转动的推力作用下使物料向机头方向输送并逐渐压缩；同时，通过料筒的加热和螺杆转动的摩擦热使物料温度上升至熔融温度以上，物料转化为黏流状态；最后通过一定口径的口模挤出为熔融线材。熔融塑料线材借助一定速率的牵引进入冷却定型水槽或经风冷，形状逐渐稳定下来，定径并获得一定刚性，由可变速牵引机牵引出直径均匀的合格线材，卷绕成盘即得到可用于 3D 打印的线材。

挤出机螺杆和料筒结构会影响塑料原料的塑化效果、熔体质量和生产效率。单螺杆挤出机与双螺杆挤出机相比，其塑化能力、混合作用和生产效率相对较低，但是投资少，维修方便，且螺杆转动过程对熔体的剪切破坏较小。由于不同结构的高聚物热性能具有明显的差异，故螺杆的结构参数也有所不同。聚氯乙烯为非晶聚合物，成型加工所需热量较少，熔融态黏度较高，热稳定性差，易分解。在加工过程中若料筒温度过高，加热时间过长或剪切速率过大易发生热分解。因此，聚氯乙烯的挤出一般选用渐变压缩型、长径比较小、螺槽较深的螺杆。聚丙烯是结晶聚合物，有较高的熔点，比热容较大，导热性差，结晶熔融时需要吸收大量的热，达到加工温度所需的热量较多，故在挤出时，聚丙烯要经过一段较长的距离才能熔融，应选用长径比较大的螺杆。

与直径较大管材的喷淋冷却不同，直径较小的线材可以通过水冷或风冷方式冷却到热变形温度以下，通过选择一定直径的口模，控制挤出速率、冷却速率与牵引速率可以获得具有稳定直径的均匀线材。

原料规格会影响塑料线材成型工艺控制的难易程度。熔体黏度太低时，塑料线坯自重使得下垂严重，很难引线；黏度太高，流动性差，拉伸引线也很困难，因此应选用具有合理熔体流动速率的塑料原料。考虑 3D 打印的工艺要求，其使用线材的熔体流动速率通常较高。挤出时，原料熔体黏度的高低与温度密切相关。低黏度物料挤出时，机头和口模温度低；而高黏度物料挤出时则机头和口模温度较高。通常机头温度比料筒温度稍低，接近高聚物的熔融温度即可，这样引线操作容易，有利于线材成型。常见聚乳酸（PLA）的挤出温度为 168～180℃，ABS 为 190～205℃。热塑性塑料熔体一般为非牛顿型假塑性流体，其黏度随剪切速率的增加而下降，流动性则提高。过大的剪切速率使熔融黏度过低，低黏度熔体在螺杆反压作用下倒流，漏流量增加，影响出料量，且螺杆在高转速下可能会出现打滑现象。物料熔融态黏度变化过大会造成出料不匀而影响线材直径，故应尽量保持螺杆转速稳定，避免时快时慢。

单螺杆挤出成型是 3D 打印线材最主要的生产方法。挤出线材的生产线由主机和辅机两部分组成，主机是挤出机，辅机包括定型设备、冷却设备、牵引设备、收卷设备或切断设备等。3D 打印机耗材精密挤出成型实验生产线如图 3-4 所示。

热塑性聚合物是最常见的 3D 打印材料之一，常见的 3D 打印用热塑性聚合物有丙烯腈-丁二烯-苯乙烯共聚物（ABS）、聚乳酸（PLA）、尼龙（PA）、聚碳酸酯（PC）、聚苯乙烯（PS）、聚己内酯（PCL）、高抗冲聚苯乙烯（HIPS）、热塑性聚氨酯（TPU）、聚醚醚酮（PEEK）等。

3D 打印材料是影响 3D 打印技术发展与应用的关键因素及物质基础，主要种类包括聚合物材料、金属材料、陶瓷材料等。PLA 和 ABS 是熔融沉积打印最常用的聚合物耗材。ABS 是具有良好力学性能的通用工程塑料，但 3D 打印条件要求苛刻，在打印过程中容易发生翘曲变形，且易产生刺激性气味。PLA 是可降解的环保塑料，打印性能较好，是一种较为理想的 3D 打印热塑性聚合物，但是耐热性、耐水解性及韧性不够好。PLA 还具有

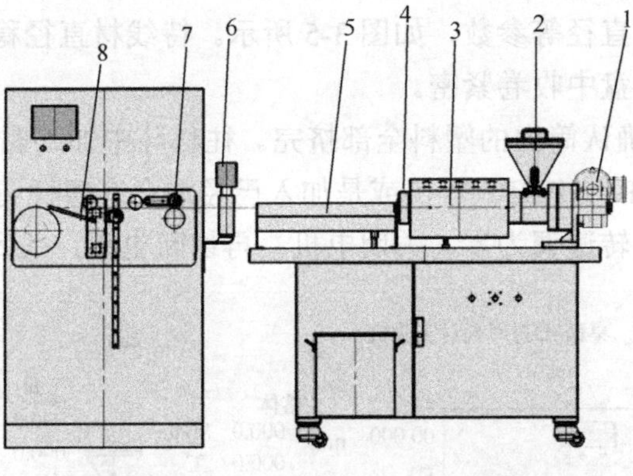

图 3-4　小型 3D 打印耗材实验线

1—减速电机；2—料斗；3—螺杆料筒；4—模头；5—水槽；6—测径仪；7—牵引装置；8—排线收卷装置

良好的生物相容性，加入羟基磷灰石改性的 PLA 可用于组织工程支架的制造。根据 PLA 和 ABS 各自的特点，分别选取合适的助剂及添加量，例如增韧剂、成核剂、抗水解剂、扩链剂以及玻璃纤维等，利用双/单螺杆共混挤出技术对其进行改性，将改性后的线材在 3D 打印机上进行材料的适用性验证以评估改性效果，并结合改性后材料的热性能、流动性能、力学性能等，确定最终产品的改性配方，这也是本实验值得尝试的综合研究方向。

三、实验仪器和材料

1. 仪器

小型 3D 打印耗材实验线，数显游标卡尺，分辨率为 0.01mm，真空干燥箱。

2. 材料

PLA，4032D，美国 NATUREWORKS；PLA3D 打印专用料，正海生物，PLA 打印线材回收料；BASF 扩链剂：ADR-4370，由苯乙烯-甲基丙烯酸甲酯-甲基丙烯酸缩水甘油酯（GMA）组成的三元共聚物，重均分子量为 6800g · mol^{-1}，T_g 为 58℃，GMA 含量为 20%。

四、实验步骤

① 原材料 80℃真空干燥 4h 待用。

② 将水槽注入冷却水。确认挤出头口径适用，如果要挤出直径为 1.75mm 的线材，挤出机口模直径须在 2mm 以上。

③ 调整在线辅助测量装置，使耗材直径为 1.75mm 时，百分表指针指示为零。挤出时，调整牵引速度，尽可能使指针在“0”位左右偏移。

④ 打开电源开关，设定各区温控表温度，开始加热。

⑤ 到达设定温度后，继续等待 10min 左右，使机器温度平衡。将原料倒入料斗，按下电机开关开机，调整电动机转速开始挤出。

⑥ 观察产品挤出状况，调整挤出速度使挤出样条外观光滑流畅；调整牵引速度使得挤出样条粗细均匀；通过参数监视栏可以实时观察螺杆转速、主机电流、熔体温度、熔体

压力、收卷长度及线材直径等参数，如图 3-5 所示。待线材直径稳定后，调整收卷速度，使得线材在卷丝机的线盘中收卷紧密。

⑦ 加工完成前，确认筒内的塑料全部挤完。往料斗中加入黏度较小、加工性能较好且容易清理的物料如 PP 或 HDPE 等，或是加入已经混合有螺杆清洗剂的物料清洗料筒。实验结束，先将电动机转速调为零，关闭电机，再切断电源，关闭水源。

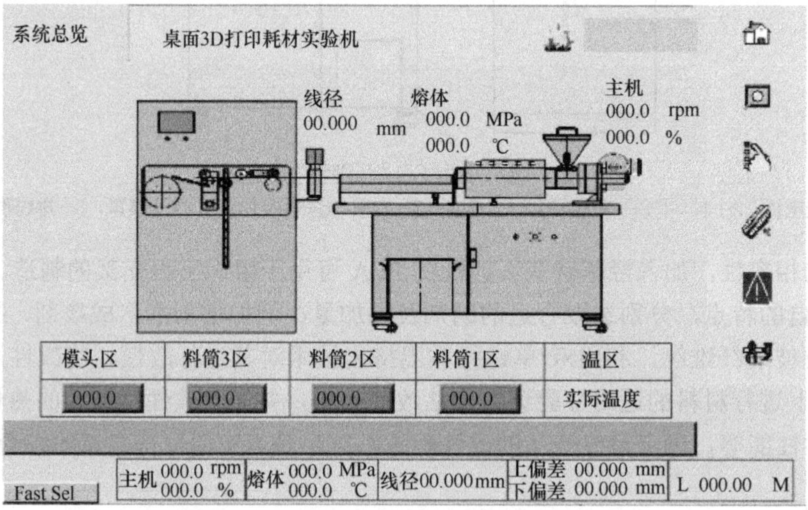

图 3-5 桌面 3D 打印耗材实验机监控界面

五、数据记录和处理

① 观察线材表面颜色是否均匀，有无变色点、杂质及黑点。观察线材外表是否平整光滑，是否有粗细不均匀，是否有气泡、裂口、波纹、凹陷等。

② 用游标卡尺或测厚仪在每卷线材上等间距测量 10 组以上数值，得到线材的直径大小和分布情况。检查线材直径是否在 0.02mm 偏差范围内。

③ 测定线材的拉伸性能、热性能及熔体流动性能。

④ 测试线材的 3D 打印效果。

⑤ 记录实验现象、最佳工艺参数、测试结果。

六、实验注意事项

① 启动挤出机前，须保证机筒各部分温度已达到物料的加工温度，且恒温 10min 以上使温度平稳。

② 按操作程序开机，螺杆只允许在低速下启动，空转时间不超过 3min，以免对螺杆与料筒造成不必要的磨损；喂料后，待模头模孔出料才能逐渐提高螺杆转速。注意进料情况，避免硬物落入料筒损坏螺杆。

③ 机器运行时，挤出机机头等部位温度较高，谨防烫伤。

七、思考题

① 分析加工工艺，如何保证线材粗细均匀、表面光滑？

② 讨论线材拉伸强度的影响因素。

参考文献

[1] 陈卫，汪艳，傅轶. 用于3D打印的改性聚乳酸丝材的制备与研究. 工程塑料应用，2015，43（8）：21-24.

[2] 刘戈潞. 高分子材料加工实验. 北京：化学工业出版社，2018.

实验九　聚丙烯的反应性挤出接枝改性

一、实验目的

① 掌握聚丙烯与马来酸酐熔融接枝反应机理。

② 了解反应型增容剂的概念与作用，了解制备反应型增容剂的实验技术。

③ 了解用化学滴定法测接枝物的接枝率。

二、实验原理

大多数聚合物共混组分间缺乏热力学相容性，熔融共混制备合金材料时，必须通过增容技术来解决聚合物间的相容性问题，最终获得力学性能优良的合金材料。增容有两个含义，一是使聚合物之间易相互分散以得到宏观上均匀的共混产品，二是改善聚合物相界面的相互作用，并使共混物的相分散状态长期稳定。加入增容剂是“增容”技术之一。增容剂是指与两种聚合物组分都有较好相容性的物质，它可降低组分间的界面张力，增加相容性，其作用与乳化剂及高分子复合材料中的偶联剂相当。增容剂分为高分子型和低分子型，高分子型又分为反应型和非反应型。

聚丙烯（PP）是一种非极性聚合物，在与极性聚合物或无机材料混合时，因两相的极性相差太大，相容性差，使得两相界面清晰，应力容易集中，难以得到性能优良的合金及复合材料。通过熔融反应挤出得到的极性单体接枝聚丙烯，是PP复合材料和合金材料经常使用的增容剂。本实验制备的增容剂PP-g-MAH，是一种反应型增容剂，采用过氧化二异丙苯为引发剂，经马来酸酐（MAH）与聚丙烯在双螺杆挤出机中熔融接枝而得到。它不同于传统的反应釜式反应，无溶剂回收，可连续化制备。由于在高温非隔氧条件下进行，接枝反应过程中会同步发生PP的降解，接枝物分子量分布、熔体流动性等都会发生变化。同时，可能含有的均聚物和未反应单体等物质的存在使得PP-g-MAH在用作增容剂时，会继续发生反应，造成材料性能不可控。此外，引发剂的含量直接影响反应过程中的自由基含量，对接枝反应起关键作用。高含量的引发剂能提高马来酸酐的接枝率，但也导致了聚丙烯的严重降解，因此，必须控制接枝过程中极性单体以及引发剂的用量。加入一些含有孤对电子或双键的单体即电子给予体，可以抑制聚丙烯降解。

聚合物反应挤出过程中，在高温和螺杆高速旋转作用下，引发剂能引发聚丙烯大分子的叔碳脱氢形成大分子自由基，叔碳自由基很容易发生β断裂产生一个二级自由基和双键。对聚丙烯接枝马来酸酐的接枝机理一直存在争议：①接枝发生在断链前还是断链后；②接枝到聚丙烯分子链上的马来酸酐是单分子还是低分子共聚物。Heinen 等认为马来酸酐接枝先于β断裂，由于马来酸酐单体的聚合上限温度为 165℃，在挤出机中 190℃熔融接枝的反应条件下，MAH 不能均聚，故 MAH 是单分子接枝到聚丙烯上（图 3-6）。

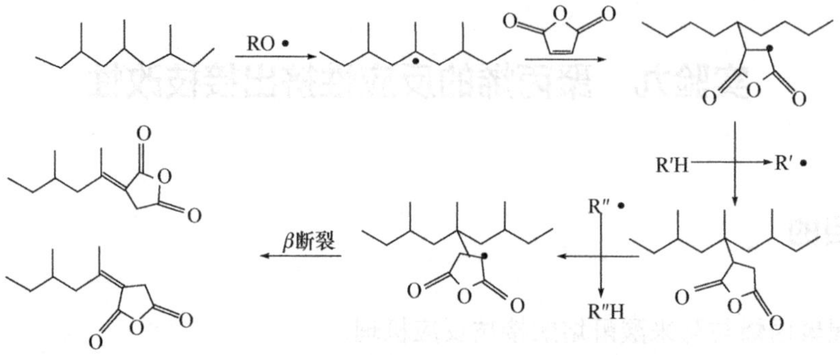

图 3-6 Heinen 和 Russell 提出的接枝反应过程

三、实验仪器和材料

1. 仪器

双螺杆挤出机、高速混合机、干燥箱、熔体流动速率仪、移液管、酸碱滴定管、三颈瓶、冷凝管、锥形瓶、容量瓶、温度计、表面张力测试笔（达因笔）、手动压片机。

2. 材料

聚丙烯（PP）粉料、过氧化二异丙苯（DCP）、顺丁烯二酸酐（又称马来酸酐，MAH）、丙酮、二甲苯、0.05mol · L^{-1} 的 KOH 二甲苯溶液、0.05mol · L^{-1} 的 HCl 异丙醇溶液、酚酞指示剂。

四、实验步骤

1. 熔融挤出制备聚丙烯接枝马来酸酐

① 称取 200g PP 放入高速混合机中，将 10g MAH 研碎加入，再将 0.2g DCP 用丙酮溶解后加入 PP 中，混合 5min。

② 混合物加入双螺杆挤出机，挤出造粒成粗接枝物（PP-g-MAH），于 100℃下干燥 1h 待用。

反应温度：加料段 80～120℃，压缩段 160～200℃，均化段 190～210℃，口模 160～180℃。螺杆转速：100r · min^{-1}。

2. PP 接枝物接枝率的测定

① 纯化处理。PP-g-MAH 用二甲苯回流溶解，并经丙酮沉淀纯化，沉淀物经丙酮多次洗涤后于 80℃下真空干燥 4h。

② 准确称量 1g 左右经纯化后的样品，用 100mL 二甲苯加热回流溶解，用 10mL 移液管移入 10mL 0.05mol · L^{-1} 的 KOH 乙醇溶液，加热回流 1h；趁热用 0.05mol · L^{-1} 的盐酸异丙醇溶液滴定，以酚酞为指示剂，并按下式计算接枝率。

$$\text{接枝率(MAH\%)} = \frac{98.06(c_2V_2 - c_1V_1)}{2000m} \times 100\%$$

$$\text{接枝效率} = (\text{接枝的MAH质量} / \text{MAH用量}) \times 100\%$$

式中，c_1 和 c_2 分别为滴定过程中所使用酸液和碱液的浓度，mol · L^{-1}；V_1 和 V_2 分别为滴定过程酸液和碱液用量，mL；m 为滴定的样品质量，g。

3. PP 接枝物薄膜表面张力测试

将纯 PP 及 PP-g-MAH 在手动压片机上熔融压制成薄膜，用表面张力测试笔测量其表面能的变化。

4. PP 接枝物熔体流动速率的测定

测试方法见实验一。

五、数据记录和处理

① 记录产品外观等，计算接枝率及接枝效率。

② 记录 PP 以及 PP-g-MAH 的表面能。

③ 记录 PP 以及 PP-g-MAH 的熔体流动速率。

六、实验注意事项

① 马来酸酐 50～60℃即可升华，高温反应时 MAH 会溢出产生刺激性气味，损伤人的眼睛等器官，实验时需要佩戴防护口罩及护目镜。

② PP 易降解，加入 DCP 后降解加剧，可适量添加抗氧剂。

七、思考题

① 讨论 PP 反应性挤出前后流动性能变化的原因？

② 反应性挤出时，哪些因素会影响 PP 的接枝率和接枝效率？

参考文献

[1] GAYLORD N G, MISKRA M K. Nondegradative reaction of maleic anhydride and molten polypropylene in the presence of peroxides. J Polym Sci: Polym Lett Ed, 1983, 21 (1): 23-30.

[2] ROOVER B D, SCLAVONS M, CARLIER V, et al. Molecular characterization of maleic anhydride functionalized polypropylene. J Polym Sci, Part A: Polym Chem, 1995, 33 (5): 829-842.
[3] ROOVER B D, DEVAUX J, LEGRAS R, et al. Maleic anhydride homopolymerization during melt functionalization of isotactic polypropylene. J Polym Sci, Part A: Polym Chem, 1996, 34 (7): 1195-1202.
[4] HEINEN W, RESENMOLLER C H, WENZEL C B, et al. ^{13}C NMR study of the grafting of maleic anhydride onto polyethene, polypropene, and ethene-propene copolymers. Macromolecules, 1996, 29 (4): 1151-1157.
[5] RUSSEL K E, KELUSKY E C. Grafting of maleic anhydride to n-eicosane. J Polym Sci, Part A: Polym Chem, 1988, 26 (8): 2273-2280.
[6] ZHU Y T, AN L J, JIANG W, et al. Monte carlo simulation of the grafting of maleic anhydride onto polypropylene at higher temperature. Macromolecules, 2003, 36(10): 3714-3720.
[7] 娄金分, 罗筑, 夏忠林, 等. 反应挤出制备聚丙烯接枝马来酸酐的研究进展. 塑料工业, 2013, 41(9): 12-15.

第二节　注射成型

实验十　聚丙烯的注射成型

一、实验目的

① 了解注塑机的结构特点及操作程序。
② 掌握热塑性塑料注射成型的基本原理及实验技能。
③ 了解注射成型工艺条件与注射制品质量的关系。

二、实验原理

注射成型是热塑性塑料和热固性塑料的一种重要的加工方法。注射成型过程是将粒状或粉状树脂与填料等物料从注塑机的料斗送进加热的注塑机料筒，物料通过外部加热、机械剪切力和摩擦热等作用，熔化成流动状态，经柱塞或移动螺杆以很高的压力和较快的速度推动而通过喷嘴注入闭合的模具中，经过一定时间的保压冷却固化后，最后脱模取出制品并在操作上完成一个成型周期。之后就是不断地重复上述周期的生产过程。

注射成型的设备是注塑机和注塑模具。注塑机主要有柱塞式和螺杆式两种，后者较为常用。不同类型的注塑机其注射成型原理及过程是相同的，包括：①加热树脂使其达到熔化状态；②对熔融塑料施加高压，使其射出而充满模具型腔。热塑性塑料注射时，模具温度比注射料温度低，制品通过冷却而定型；热固性塑料注射时，其模具温度要比注射料温度高，制品在一定的温度下发生交联固化而定型。

注射成型时，塑料在热、力、水分和氧气等作用下，会发生高分子的化学变化。注射成型过程通过选择合理的设备和模具设计，制订合理的工艺条件，可使化学变化减少到最小程度。因而，注射过程主要是一个物理变化过程。塑料的流变性、热性能、结晶行为和定向作用等因素对注射工艺条件及制品性质都会产生很大的影响。

本实验以聚丙烯及改性聚丙烯为原料，采用螺杆式注塑机注射成型，得到用于塑料拉伸强度、弯曲强度及冲击强度测试的标准样条。

三、实验仪器和材料

1. 仪器

F-150型立式注塑机一台，如图3-7所示；哑铃形、长条形、带缺口长条形模具一组。

2. 材料

PP粒料、成核剂改性PP粒料、聚丙烯合金粒料。

注塑机的结构：注塑机主要由注射系统、锁模系统和模具三部分组成。

（1）注射系统

注射系统是注塑机最重要的部分，其作用是使物料均化和塑化，并以足够的压力和较快的速度将一定量的塑化物料注射到模腔中。注射系统包括加料装置、料筒、螺杆和喷嘴等组件。

图3-7　立式塑料注塑机

① 加料装置。通常与料筒相连的锥形料斗。

② 料筒。是塑料加热和加压的容器，外部配有加热装置，一般将料筒分为若干加热区，使其能进行分段加热和温度控制。靠近料斗一端温度较低，靠近喷嘴端温度较高。

③ 螺杆。是注塑机的重要部件，其作用是对物料进行输送、压实、排气和塑化，随后熔融的物料被推到螺杆顶部和喷嘴之间，而螺杆本身则因受到熔融物料的压力而缓慢后移。当积存的熔融物料达到一次注射量时，螺杆停止转动。

④ 喷嘴。是连接料筒和模具的过渡部分，熔体通过喷嘴注入模腔中。

⑤ 加压和驱动装置。加压装置供给螺杆对物料施加压力，大多采用油压系统供给。驱动装置通过驱动螺杆转动而使其完成对物料预塑化，常采用交流电机和液压马达。

（2）锁模系统

锁模系统是实现模具的开启、闭合以及顶出制品的装置。

（3）模具

也称塑模，是在成型中赋予塑料形状时所用部件的组合体。主要由浇注系统、成型零件和结构零件三部分组成。浇注系统是指物料从喷嘴进入型腔前的流道部分，主要包括主流道、冷料穴、分流道和浇口等。

① 主流道。是模具中连接注塑机喷嘴至分流道或型腔的一段通道。

② 冷料穴。是设在主流道末端的一个空穴，用以捕集喷嘴端部两次注射之间所产生的冷料，以防止分流道或浇口的堵塞。

③ 分流道。是连接主流道和各个型腔的通道。

④ 浇口。是接通主流道（或分流道）与型腔的通道。

四、注射成型过程

注射成型工艺过程包括：成型前的准备、注射过程和制品的后处理。

1. 成型前的准备

① 成型前对原材料的预处理。根据各种塑料的特性及供料情况，一般在成型前对原材料进行外观和工艺性能的检验。吸湿性大的物料在注射前应充分干燥，根据其性能和具体条件选择干燥方法。

② 料筒的清洗。

③ 脱模剂的选用。脱模剂是指使塑料制件容易从模具中脱出而敷在模具表面的一种助剂，主要有硬脂酸锌、液体石蜡（又称白油）和硅油。

2. 注射过程

完整的注射过程包括塑化、注射入模、保压冷却和脱模等几个步骤，实质是塑化、流动和冷却过程。

塑化是指塑料在料筒内经加热变为流动状态，并具有良好可塑性的全过程。塑化是靠料筒的外部加热、摩擦热和剪切力等实现的。

在注射成型周期中，制品冷却时，螺杆转动并后退，塑料则进入料筒进行塑化并计量，为下一次注射做准备，这常称为塑料的预塑化。预塑化要求得到定量的、均匀塑化的塑料熔体。塑料的预塑化与模具内制品的冷却定型是同时进行的，但预塑化时间小于制品的冷却时间。

注射成型时塑料熔体进入模腔内可分为充模、保压和冷却等阶段。

① 充模阶段。这一阶段从螺杆开始向前推移，将已均匀塑化的物料以规定的注射压力和注射速度注入模腔，直到模腔被塑料熔体充满为止。熔体充模顺利与否，取决于注射压力和注射速度、熔体及模具的温度等，这些因素决定了熔体的流动特性。

② 保压阶段。指从熔体充满模腔时起至螺杆后移为止的一段时间。螺杆施加一定的压力，向前稍做移动，并保持一定的时间，使模具内压力保持不变，模腔内的熔体因冷却收缩而进行补塑，从而保证制品脱模时不会缺料。

保压过程需控制保压压力和保压时间，它们均影响制品的质量。保压压力可以等于或低于充模压力，其大小以达到补塑增密为宜。保压时间以压力保持到浇口凝封时为好。若保压时间不足，模腔内的物料会倒流，导致制品缺料；若保压时间过长或保压压力过大，充模量过多，将使制品浇口附近的内应力增大，制品易开裂。

③ 冷却阶段。指浇口的塑料冷却固化到制品从模腔中顶出的过程。期间需要控制冷却的温度和时间。

模具冷却温度的高低和塑料的玻璃化温度、结晶性、制品形状及制品的使用要求等有关，此外，也与工艺条件，如熔体温度、注射速度与注射压力、成型周期等有关。模具的冷却温度不能高于塑料的玻璃化温度或热变形温度。模温高，有利于熔体在模腔内流动完成充模，而且能使塑料冷却速度均匀。此外，模温高也有利于大分子松弛运动，可以减少厚壁和形状复杂制品因为补塑不足、收缩不均而造成的内应力大的缺陷。但模温高造成生产周期长，脱模困难。对于聚丙烯等结晶性塑料，模温直接影响产品结晶度和结晶形态。

采用适宜的模温，晶体生长良好，结晶速率较大，可以减少制品成型后的结晶现象，也能改善收缩不均、结晶不良的现象。

冷却时间的长短除了与塑料的玻璃化温度和结晶性有关，还与比体积、热导率和模具温度等有关，应以制品在开模顶出时具有足够的刚度而不至于变形为宜。时间太长，生产效率下降。

3. 制品的后处理

后处理可以消除由于不均匀结晶、取向和收缩产生的内应力。退火处理的方法是使制品在定温的加热液体介质中或热空气循环烘箱中静置一段时间。时间的长短取决于塑料的品种、退火温度和制品的形状与注射条件。

五、注射成型的工艺条件

1. 注射温度

注射成型过程需要控制的温度有料筒温度、喷嘴温度和模具温度等。前两者影响塑料的塑化和流动，后者影响塑料的流动和冷却。

① 料筒温度。其选择主要与塑料的特性有关。料筒最适合的温度范围一般应在黏流温度或熔融温度与分解温度之间。料筒的温度通常是分段控制，一般从料斗一侧起至喷嘴为止逐渐升高。

② 喷嘴温度。通常略低于料筒最高温度，以防止流涎现象。如果过低则会造成喷嘴的堵塞。

③ 模具温度。同喷嘴温度。

2. 注射成型压力

注射成型压力包括塑化压力和注射压力两种。

① 塑化压力（背压）。指螺杆顶部熔料在螺杆转动后退时所受到的压力，即熔胶时的压力。塑料随螺杆旋转，塑化后向前堆积在料筒的前部，且越来越多，逐渐形成一个压力，推动螺杆向后退。为了阻止螺杆后退过快，确保熔料均匀压实，需要给螺杆提供一个反方向的压力，这个反方向阻止螺杆后退的压力称为塑化压力，也称背压。螺杆的背压影响预塑化效果。提高背压，物料受到剪切作用增加，熔体温度升高，塑化均匀性好，但塑化量降低。螺杆转速低则会延长预塑化时间。

螺杆在较低背压和转速下塑化时，螺杆输送计量的精确度提高。对于热稳定性差或熔融黏度高的塑料应选择较低转速；对于热稳定性差或熔体黏度低的则选择较低的背压。螺杆的背压一般为注射压力的5%～20%。

② 注射压力。注射压力可以使熔体克服从料筒流向模腔的流动阻力，从而以一定的速度注射入模并压实熔料。注射压力直接影响注射速率。注射压力过高或过低，会造成充模过量或不足，将影响制品的外观质量和材料的大分子取向程度。注射速度影响熔体充模时的流动状态。注射速度快，充模时间短，熔体温差小，制品密度均匀，熔接强度高，尺寸稳定性好，外观质量好；注射速度慢，充模时间长，熔体流动过程的剪切作用使大分子取向程度大，制品各向异性。

注射压力的选择要充分考虑原料、设备和模具等因素，并结合其他工艺条件，通过分析制品外观再与实践相结合而确定。

3. 成型周期

完成一次注射成型过程所需的时间称为成型周期，包括注射时间（充模和保压时间）、冷却时间和开、闭模等时间。

六、实验步骤

1. 准备工作

① 通过注塑机使用说明书或操作规程了解注塑机的结构、工作原理和安全操作等，并做好设备的检查和维护工作。

② 了解聚丙烯的规格及成型工艺特点，拟定各项成型工艺条件，并对原料进行预热干燥备用。

③ 按照操作规程，采用“调整”操作方式，安装模具并进行试模。

2. 开机

① 确认油箱内加入液压油，油位达到油面指示器的2/3。

② 确认已接通电源和冷却水。

③ 将电控箱背面空气开关拨到“ON”，将机器面板上红色紧急停止按钮顺时针旋一下，此时电控箱面板LED灯亮起。如果按下紧急停止按钮，切断电源，则所有动作停止。

④ 电热开关拨到“ON”位，在温控器上设定注射所需的各段温度，即开始加热。当温控器指示灯从绿色变为红色，指针指向“0”刻度时，表示料筒温度已加热到设定值，再恒温10min。

⑤ 此时可以按下起动马达按钮，绿灯亮，马达启动。按动面板上的功能键进行操作。

注意：必须先加热到塑料加工温度后才能启动马达。

3. 手动操作及调整

本机有手动和半自动两种工作状态。手动状态是指在该状态下按动某功能键就会进行相应的一个操作。半自动状态是指按动自动按钮一次就完成一个注射周期操作。在正式注射之前，往料斗中加入塑料，先用手动工作状态进行压力调整及对空试注射。

将温控器上方选择开关打到【调整】位置，按动面板上【手动】键，键上红灯亮，表明机器处于手动工作状态。

（1）压力调整

① 高压——系统总压。用手按住【高压】键，并观察系统压力表，调节主油路板上总压阀的调节手柄（顺时针增大，逆时针减小），直至系统压力表指针指示为100kg·cm^{-2}时。

② 射压——螺杆射料时油压，又称射一压。将此键指示灯按亮，在数显窗口设定工艺要求的压力值。PP的射压通常为60kg·cm^{-2}。

③ 保压——又称射二压，是射出料的第二阶段。调节方法同上。

④ 低压——在合模慢速时用此压力，调节方法同上。通常10kg·cm^{-2}即可。

（2）各种动作键的作用

① 开模——按住此键即可进行开模动作，若中途放开即停止。当开模完成接近开关感应到开模完成挡块时即完成开模动作，开模距用开模完成挡块来调节。

② 合模——将温控器上方选择开关打到【调整】位置，按下【合模】则有合模动作。此动作分为合模高压快速→合模低压慢速→合模高压。

③ 射出——按下【射出】键即可进行射胶动作，螺杆向下推进，完成射胶动作后并进行一定时间的保压。

④ 松退——按住【松退】键即可进行松退，即“防涎”。

⑤ 加料——按住此键，螺杆转动将塑料送进料筒进行塑化，螺杆被迫上升，当机器右上侧计量接近开关感应到计量挡块时，加料停止。

⑥ 座进——按住此键，射座带动螺杆料筒向下运动，使料嘴与模具浇道口碰上。

⑦ 座退——按住此键，射座带动螺杆料筒向上运动，使料嘴远离模具。

⑧ 顶出——按此键，产品即被顶出，顶出时间可通过控制面板来调节。

⑨ 顶退——按此键，模具顶针退到原来位置。

利用上述各种功能键，使机器在开模、料嘴远离模具的情况下，进行对空注射，如从喷嘴流出的料条光滑明亮，无变色、银纹、气泡，说明料筒温度和喷嘴温度比较合适，即可按拟出的实验条件，操作机器，用半自动方式制备试样。

4. 半自动过程

将温控器上方选择开关打到【合模】方式，按下面板上【半自动】键，键上红灯亮，表明机器处于半自动工作状态。

双手同时按下【自动开始】按钮，直到合模动作完成才松手，机器自动完成以下系列过程：快速高压关模→关模慢开关→关模慢速→关高压开关→关模高压→高压计时→注射→保压→保压计时→螺杆加料→计量开关→松退→松退计时→冷却→冷却计时→高压开模→开模完开关→开模完→顶出→顶出计时→顶退→顶退计时→停止。

试样顶出后，用铜镊子将其取出，平放进一步冷却。再双手同时按【自动开始】，重复上述步骤。

5. 关机

注射完成后，用 PE 清洗注塑机，清理料筒，合模，确保压力表上没有压力显示，否则需开模泄压。将红色按钮按下，关闭电源，关冷却水。

七、数据记录和处理

观察所得试样的外观质量，包括颜色、透明度，有无缺料、凹痕、气泡和银纹等。选择 10 组以上平整无明显气泡的样品留待力学性能等测试。

八、实验注意事项

① 启动驱动马达前，必须确保各段温度达到设定温度。

② 若驱动马达不转动，必须立即关闭驱动马达的电源，检查原因。驱动马达在不转动的情况下若长时间通电，会产生很大的启动电源，烧毁电动机。

③ 注塑机关模之前，要检查是否有异物或工具等留在模具附近，如有应取出，避免损坏模具。注塑机设有自动安全装置，只要模具前方的光电通路被挡住，机器就停止动作，但操作时仍需小心。

④ 主机运转时，严禁手臂及工具等硬物进入料斗内。

⑤ 喷嘴阻塞时，忌用增压的办法清除阻塞物。

⑥ 不得用硬金属工具接触模具型腔。

⑦ 机器正常运转时，不应随意调整油压阀和其他阀件。

⑧ 制备测试样条时，模具的型腔和流道不允许涂擦润滑性物质。

⑨ 严防人体触动有关电器，而使机器出现意外动作，造成设备故障或人身事故。

九、思考题

① 充模不足的原因是什么？

② 制品溢边的原因是什么？

③ 制品尺寸不稳定的原因是什么？

④ 制品有气泡的原因是什么？

⑤ 模具温度对非晶态塑料制品与结晶性塑料制品的影响有何不同？

参考文献

[1] 郭广思. 注塑成型技术. 北京：机械工业出版社，2009.

[2] 李忠文，陈臣. 注塑机操作与调校实用教程. 北京：化学工业出版社，2007.

第三节　模压成型

实验十一　硬聚氯乙烯模压成型

一、实验目的

① 掌握硬聚氯乙烯（PVC）塑料配方设计的基本知识，熟悉硬 PVC 塑料加工成型方法及其与制品质量的关系。

② 了解高速混合机、双辊混炼机及平板硫化机的结构及工作原理，掌握其操作技术。

③ 加深对塑料配方与塑料性能关系的认识。

二、实验原理

PVC树脂通常呈非晶态，其熔体黏度大、流动性差、对热不稳定。硬PVC板材通常不加或少加增塑剂，这种以PVC树脂及稳定剂为主体的塑料加工流动性差，黏流温度接近分解温度，在成型加工中易发生降解，放出氯化氢气体，变色和黏附设备。因此，PVC塑料在成型加工之前必须加入热稳定剂、加工改性剂、抗冲改性剂和填料等多种助剂。助剂的品种、数量对制品的各种性能影响很大。硬PVC板材生产包括下列过程：①粉料捏合。按一定配比及加料顺序在PVC树脂中加入适量的稳定剂和少量的增塑剂（或不加增塑剂）及其他添加剂，构成多组分的体系。然后，在一定温度的高速混合机中进行混合，混合时由于受到加热和搅拌作用，树脂粒子充分吸收液体组分，同时受到反复撕捏合剪切，最终成为各组分分散均匀的配合料体系。捏合可缩短后续的辊压时间，避免聚合物在辊压过程中发生较多分解。②双辊塑炼拉片。用双辊混炼机将配合料进行辊压塑炼，得到组成均匀的成型用PVC片材。塑炼时，物料在黏流温度以上的温度和较大的剪切作用下来回折叠、辊压，使各组分分散更趋均匀，同时驱出可能含有的水分等挥发气体。PVC混合物经塑炼后，可塑性得到很大改善，配方中各组分的性能和它们之间的"协同作用"将会得到更大发挥，这对下一步成型和制品的性能有着极其重要的影响。因此，塑炼过程中料温和剪切作用等工艺参数，设备参数如辊温、辊距、辊速，塑炼时间以及操作的熟练程度都是影响塑炼效果的重要因素。③压制成型。把PVC片材放入压制模具中，将模具放入平板硫化机中，预热、加压使PVC塑化赋型，然后冷却定型成硬质PVC板材。

三、实验仪器和材料

1. 仪器

SY-6215A1型双辊混炼机，如图3-8所示；GH-5A高速混合机；XLB 50-D平板硫化机，如图3-9所示；邵氏硬度计；不锈钢模板；浅搪瓷盘；表面温度计；电子天平；制样机；小铜刀、棕刷、手套、剪刀等实验用具。

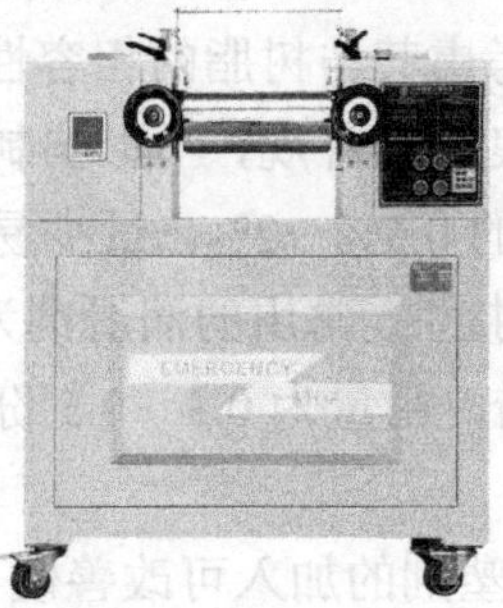

图3-8 双辊混炼机

图3-9 平板硫化机

2. 材料

（1）PVC树脂及改性剂

树脂的聚合度对塑料制品的性能影响很大，一般聚合度越高则物理机械性能及耐热性能越好，但是会给成型加工带来很大困难。为了有利于加工工艺的控制，对于硬 PVC 塑料常选用聚合度较低的树脂，即 SG-4 型或 SG-5 型树脂为宜。

由于硬质 PVC 塑料制品冲击强度低，因此，常在板材配方中加入一定量与 PVC 有较好相容性的改性剂，如甲基丙烯酸甲酯-丁二烯-苯乙烯共聚物（MBS）、丙烯腈-丁二烯-苯乙烯共聚物（ABS）、丙烯酸酯类共聚物（ACR）和氯化聚乙烯（CPE）等，可弥补其不足。

具有两相结构材料的透明性取决于两相的折射率是否接近。如两相折射率不匹配，光线会在相界面发生散射，所得制品不透明。当抗冲改性剂粒子足够小时，也能使 PVC 显示优良的透明性和冲击韧性。当然，PVC 配方中其他添加剂（如润滑剂、稳定剂、着色剂等）的类型与含量对折射率的匹配也有明显的影响，需全面考查调配，才能实现最佳透明效果。

（2）稳定剂

由于硬 PVC 加工温度与分解温度相近，为了防止或延缓 PVC 树脂在成型加工和使用过程中因受光、热、氧的作用而降解，配方中必须加入适当类型和用量的稳定剂。稳定剂的量以保证在严格的加工条件下，PVC 不分解及变质为宜，用量太多会影响塑化性能及恶化操作条件。常用的稳定剂有：铅系稳定剂和有机锡类稳定剂等。各类稳定剂的稳定效果除本身特性外，还受其他复配组分及加工条件影响。

铅系稳定剂成本低、光稳定效率高、遮光性好，不存在被萃取、挥发或使硬 PVC 板热变形温度下降等问题。但相对密度大、有毒、透明性差，与含硫物质或大气接触易被污染。仅适用于对透明性、毒性和污染性要求不高的通用板材。

有机锡类稳定剂的热稳定作用、初期色相性和加工性能较好，可用于透明 PVC 制品。在加工过程中不会出现金属表面沉析现象，不会被硫化物污染。但存在价格贵、气味难闻和耐候性较差的缺点。

硬脂酸钡及硬脂酸钙的稳定效果差，一般都不单独使用。其与铅系稳定剂混合使用可有较好的热稳定效果，但要注意用量。压制硬 PVC 板时，三盐基硫酸铅用量为 5～6 份，硬脂酸钡、硬脂酸钙用量 1～2 份为宜。

（3）润滑剂

在 PVC 硬板的配方中，为了降低熔体黏度，减少塑料对加工设备的黏附和硬质组分对设备的磨损，应加入适量润滑剂。选用润滑剂时，需考虑其与树脂的相容性、热稳定性和化学惰性，且在金属表面不残留分解物，能赋予制品良好的外观，不影响制品的色泽和其他性能。润滑剂在配方中用量很少，一般为树脂用量的 0.5%～2%。过少易发生黏附现象，过多则制品表面起霜，损害外观，并影响印刷及热焊接性。常用的润滑剂为硬脂酸（内润滑剂）和石蜡（外润滑剂），本实验也可选用液体石蜡，用量为 0.3～0.5 份。

（4）增塑剂

PVC 常用的增塑剂是液态高沸点难挥发的酯类。增塑剂的加入可改善硬 PVC 塑料的柔韧性和延伸性，并降低其软化温度，改进加工性能。本实验选用邻苯二甲酸二辛酯作为增塑剂，用量为 4～6 份。

（5）填充剂

在聚合物中加入填充剂（又称填料），其目的是降低成本，提高尺寸稳定性及改善塑料的某些性能。选用的填料最好是分散性好、吸油量少，对聚合物和其他助剂均呈惰性，对加工性能无严重损害，不磨损设备，不会分解及吸湿而使较厚的制品带有气泡。本实验选用 $BaSO_4$ 作为填充剂，其与着色剂混合，可以增加着色剂的覆盖力及制品表面光泽。

（6）着色剂

着色剂用量应适量。

3. 配方

根据以上原理，本实验的基本配方如表 3-3 所列。在实验中，可以改变增塑剂的用量，但最多不要超过 15 份，也可以适量添加碳酸钙填料等。通过不同配方的拟定，来加深配方对塑料性能影响的认识。

表 3-3 硬质 PVC 板材配方

原辅料	质量份（普通板材）	质量份（透明板材）
聚氯乙烯树脂（PVC）（SG-4，SG-5）	100	100
邻苯二甲酸二辛酯（DOP）	4～6	5～7
甲基丙烯酸甲酯-丁二烯-苯乙烯共聚物（MBS）	—	2～4
液体钙锌热稳定剂	4～5	—
硫醇有机锡	—	2～3
硬脂酸钡（$BaSt_2$）	1.5	—
环氧大豆油（ESO）	—	2～3
硬脂酸（HSt）	—	0.3
硫酸钡（$BaSO_4$）或碳酸钙（$CaCO_3$）	10	—
液体石蜡	0.5	—
酞菁蓝	0.005～0.01	—

四、实验步骤

（1）粉料捏合配制

① 按照表 3-3 配方，计算各种原辅料的实验用量。

② 按照实验用料配比，在天平上称量各组分物料。

③ 熟悉高速混合机操作规程。接通电源，启动主电机。

④ 待电动机正常运转后，将物料按以下顺序投入混合机进行混合：a. 先将 PVC 树脂与稳定剂等干粉组分加入高速混合机中，盖上加料盖，并拧紧螺栓，开动搅拌 1～2min，之后停止搅拌。b. 打开加料盖，缓慢加入石蜡及增塑剂等液体组分，此时物料混合温度不超过 80℃。然后加盖，继续搅拌 8～10min，此时，物料混合温度自动升温至 90～100℃，添加剂已均匀分散吸附在 PVC 颗粒表面，润滑剂也基本熔化，停止搅拌。c. 卸料。打开排料闸门，将混合粉料卸入浅搪瓷盘中，冷却至 60℃以下备用，并将混合机中的残剩物料清扫干净。

（2）辊压塑炼拉片

① 预热阶段。按照双辊塑炼机操作规程，利用加热、控温装置将辊筒预热至前辊160～165℃，后辊约150℃，恒温10min。用表面温度计测定前后辊温度，并记录。

② 塑炼阶段。a. 先将辊间隙调节为约1.3mm，开启两辊工作按钮。b. 在辊隙上部加上配合料，从两辊间隙掉下的物料立即再加入辊隙中，不要让物料在辊隙下方的搪瓷盘中停留过长时间，且注意保持一定的辊隙存料。待配合料已黏结成包辊的连续带状后，即可开始“打包”，将辊间隙调到1mm，用切刀不断地将物料从辊筒上拉下来折叠辊压，或者把物料翻过来沿辊筒轴向不同的料团折叠交叉再送入辊隙中，使各组分充分地分散，塑化均匀。c. 辊压6～8min后，再将辊间隙调至0.6mm左右，若观察到物料色泽已均匀，表面光滑，则结束辊压过程。迅速将塑炼好的料带整片剥下，平整放置，冷却切片。记录该过程总时间以及拉片后辊温。

（3）压制成型

① 按照平板硫化机操作规程，检查机器各部分的运转、加热情况并调节到工作状态，将机器上、下模板加热至（180±5）℃。

② 把裁剪好的片坯重叠在不锈钢模板内，放入机器平板中间。启动压机，使已加热的压机上、下模板与装有叠合板坯的模具刚好接触，预热约10min。然后闭模加压至所需表压，当物料温度稳定到（180±5）℃时，可适当降低一点压力以免塑料过多而溢出。

③ 保温、保压约30min，冷却，待模具温度降至80℃以下，直至板材充分固化后，方能解除压力，取出模具脱模、修边得到PVC板材制品。

（4）改变配方中增塑剂及填充剂用量，重复上述操作过程，可制得不同性能的PVC板材。

（5）力学性能测试

将制备的各种PVC板材，在制样机上切取拉伸性能测试样条，样条数量纵、横各不少于5个。用万能电子拉力机测试样条拉伸力学性能，用邵氏硬度计测试材料表面硬度。

（6）仪器清理。

五、实验注意事项

① 双联辊操作中，操作者要特别注意安全问题，防止手被拉入辊间；辊温较高，防烫伤。同时，切忌将金属物落入辊间。若事故发生时，应拉动机器上方的安全杆，紧急停机。

② 所用助剂，尤其是稳定剂多属于有毒物质，操作后要充分洗手。

六、思考题

① PVC树脂的工艺特征是什么？各组分有何作用？

② 捏合时加料的顺序不同，对捏合过程、产品质量有什么影响？

③ 压辊工艺对片材质量有什么影响？

参考文献

[1] 张玉龙，颜祥平. 塑料配方与制备手册. 北京：化学工业出版社，2010.
[2] 阮积义. 聚氯乙烯塑料及其加工. 北京：化学工业出版社，2012.

实验十二 酚醛塑料模压成型

一、实验目的

① 了解热固性塑料模压成型的基本原理。
② 掌握酚醛模塑粉配制原理和成型工艺。
③ 掌握模压成型操作方法。

二、实验原理

热固性塑料模压成型是将预聚合反应进行到一定阶段的反应性树脂与填料及其他配合剂一起放入压模型腔中，于一定温度和应力下，使物料熔融、流动、充模、交联、固化成型，最终脱模而制得热固性塑料制品的工艺过程。

热固性塑料常见的有酚醛、脲醛、密胺、环氧聚酯和不饱和聚酯等几大类。酚醛塑料具有较高的机械强度、良好的尺寸稳定性、优异的电绝缘性、难燃以及低毒等优点，被广泛应用于胶合板、层压板及绝缘材料等领域。

不同类型热固性塑料的成型工艺有所不同，酚醛塑料的压制成型传统而最具代表性。压制成型又分为模压和层压，模压又叫压缩模塑。本实验以酚醛模塑粉模压成型为例，学习热固性塑料的加工成型技术。

酚醛树脂是酚类化合物和甲醛缩聚反应得到的聚合物。因单体投料比不同、选用催化剂不同，分为热塑性和热固性两类。其聚合方法分为酸法和碱法，碱法树脂多为层压料，酸法树脂则多为模压料。当酸类物质为催化剂，醛与酚投料比小于1时，形成热塑性酚醛树脂。热塑性酚醛树脂与固化剂（六亚甲基四胺）、填料及其他配合剂，通过一定的加工工艺最终也可成为热固性材料。

酚醛树脂模压成型用得最多的是酚醛模塑粉。酚醛模塑粉是多组分混合物，一般由酸法酚醛树脂、固化剂、添加剂等组成。酸法酚醛树脂是分子量几百到几千的线型低聚物。固化剂有六亚甲基四胺和十二烷基苯磺酸、苯磺酰氯等。碱性的六亚甲基四胺较为常用，它在受热或潮湿条件下分解出甲醛和氨气，甲醛与线型酚醛树脂在碱性条件下进一步缩合、交联固化，其固化机理如下。

$$(CH_2)_6N_4+6H_2O \xrightarrow{\triangle} 6CH_2O+4NH_3$$

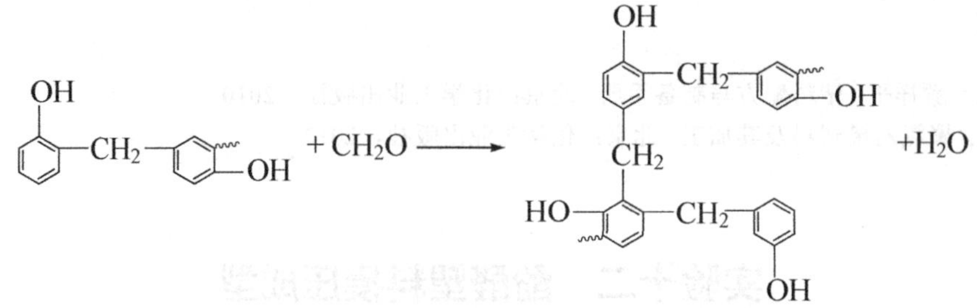

酚醛模塑粉中的其他添加剂包括无机或有机填料，例如碳酸钙、云母、木粉等，具有增容、降低成本的作用，含羟基的木粉参与树脂的交联反应，也有利于改善制品的力学性能。碱性物质如石灰和氧化镁等可以中和酚醛树脂中可能残存的酸，对树脂的固化起到促进作用，使交联固化完善，有利于提高制品的耐热性和机械强度。此外，酚醛模塑粉中还添加有润滑剂和着色剂，硬脂酸盐类润滑剂能增加物料混合和成型时的流动性，有助于成型时的脱模。酚醛树脂本身为黄褐色透明物，其制品多为黑色或棕色，常用苯胺黑、炭黑作着色剂。酚醛树脂和各种配合剂通过混合、热炼、冷却、粉碎制成酚醛模塑粉。

模压工艺利用树脂固化反应中各阶段特性来实现制品的成型。模塑粉加入已预热的模具中时，树脂分子基本为线型，在一定的温度和压力下，受热成为黏流状态，熔融流动并充满模腔。继续提高模温，树脂继续缩聚并发生化学交联而形成网状结构，变成难溶难熔的凝胶状态。在经过适宜的时间后，树脂最终成为不溶不熔的三维网络结构，达到硬固状态。

热固性塑料模压成型过程中，成型温度、模压压力和持续时间是重要的工艺参数。温度会影响模塑粉的流动状况和交联固化反应速率。高温有利于缩短模压成型周期，改善制品光洁度等物理力学性能。但温度过高，树脂固化太快会导致充模不满，或表面层过早固化而影响水分等挥发物排出，在开启模时可能出现制品膨胀、开裂等不良现象，使制品质量下降。反之，温度过低，交联固化反应不充分，成型周期延长，制品表面无光泽、粘模且制品易翘曲、变形，机械强度下降。通用型酚醛模塑粉的模压成型温度一般控制在145～185℃。

模压压力取决于树脂类型、制品结构、模压温度及物料是否预热等。适当增大模压压力，可提高熔体的流动性，降低制品的成型收缩率，使制品更密实，但是压力过高会增加设备功率损耗，影响模具使用寿命，压力过小则制品容易出现气孔。酚醛模塑粉模压成型压力通常为10～40MPa。

模压时间即保压时间。对于热固性塑料，模压时间对塑料性能影响很大。模压时间短，树脂固化不完全；模压时间太长，则又可能导致交联过度，使制品收缩率增加。模压时间与树脂固化速率、制品厚度、模压温度等工艺相关。随制品厚度增加，模压时间相应延长。提高模压温度，采用预热、压片及排气等操作可缩短模压时间。模具温度达到模压温度时，通用型模塑粉的模压时间为0.8～1.2min·mm^{-1}。

三、实验仪器和材料

1. 仪器

XLB 50-D 平板硫化机、GH-5A 高速混合机、模具、铜刮刀、石棉手套、托盘、电子天平。

2. 材料

热塑性酚醛树脂（PF2A2-141）、脱模剂（硅脂）、填料及配合剂。

四、实验步骤

（1）模塑粉配制

按表 3-4 所列配方称量各组分，经高速混合机搅拌 30min，取出待用。

表 3-4　通用型酚醛模塑粉配方

原材料	质量份	原材料	质量份	原材料	质量份
酚醛树脂	100	氧化镁	3.0	苯胺黑或炭黑	1.0
木粉（干燥）	100	硬脂酸钙	2.0		
六亚甲基四胺	12.5	硬脂酸锌	1.5		

（2）模压成型

① 了解平板硫化机的基本结构和操作方法。工艺过程分为加料、闭模、排气、固化、脱模和模具清理等。根据模具型腔尺寸计算所需的模塑粉质量。

② 设定模压温度并预热模具到 130℃，恒温 15min。

③ 达到设定温度后，用棉纱擦拭干净模腔，并涂少量脱模剂。将已计量的模塑粉放入模腔，使其平整分布，中间略高。合模，预热 6～8min 后，升温至 150～175℃。迅速加压至表压 10MPa 后，泄压为 0Pa，反复操作两次，完成排气。重新加压到交联固化所需压力，保压固化 5～15min，然后趁热脱模。

④ 用铜刮刀清理干净模具待用。

⑤ 改变保压固化时间，重复上述操作过程，再次进行模压固化成型实验。

（3）按照性能测试要求切割材料，测试模压板力学性能。

五、数据记录和处理

① 记录模压成型工艺参数及压制过程现象。

② 观察并记录有无排气步骤时酚醛模压板外观性能。

③ 记录并分析材料力学性能与模压成型固化时间的关系。

六、实验注意事项

① 送取模具要戴好手套，防止烫伤；严禁在平板上升时取拿模具或清理杂物。

② 加料动作要快，物料在模腔内分布要均匀，中部略高。所有模具放入平板时必须居中。

③ 操作压力不可超过平板硫化机额定的压力。

④ 从模具内取试片时注意用铜刮刀，勿使模腔及模板光面出现划痕。

七、思考题

① 分析模压温度和保压固化时间对制品质量的影响。如何协调它们之间的关系？
② 酚醛塑料的模压成型原理与硬 PVC 压制成型原理有何不同？
③ 热固性塑料模压成型为什么要排气？

参考文献

[1] 胡扬剑，舒友，罗琼林. 高分子材料与加工实验教程. 西安：西安交通大学出版社，2019.
[2] 童忠良. 化工产品手册-树脂与塑料. 北京：化学工业出版社，2019.

实验十三　天然橡胶硫化模压成型

一、实验目的

① 掌握生胶塑炼、橡胶混炼及橡胶硫化原理。
② 熟悉开炼机、平板硫化机等橡胶加工设备的基本结构及操作方法。
③ 掌握橡胶制品配方设计的基本知识和橡胶模塑硫化工艺。

二、实验原理

生胶是线型高分子化合物，其分子量通常很高，从几十万到百万以上。高的分子量带来了最宝贵的高弹性，但是过高的强韧高弹性及高黏度使其缺乏可塑性，成型加工困难，必须通过适当的加工工艺使之处于柔软可塑状态，才能与其他配合剂均匀混合， 使其加工成为有使用价值的材料。

塑炼和混炼是橡胶加工的两个重要工艺过程，通称炼胶，其目的是获得柔软可塑，并具有一定使用性能且可用于成型的胶料。

（1）塑炼

塑炼可以通过机械、物理或化学的方法来完成。机械塑炼是依靠机械剪切力的作用，借助空气的氧化作用使生胶大分子降解到某种程度，从而使生胶弹性下降，而可塑性提高，目前此法最为常用。物理塑炼是在生胶中充入相容性好的软化剂，以削弱生胶大分子的分子间力，而提高其可塑性，目前充油丁苯橡胶用得比较多。化学塑炼则是加入某些塑解剂，促进生胶大分子的降解，通常是在机械塑炼的过程中同时进行。

天然橡胶采用机械塑炼时，将天然生胶置于开炼机两个相向转动的辊筒间隙中，在常温（小于 50℃）下受到反复的机械作用，长链的橡胶分子在剪切力作用下发生流变，局部应力集中使分子链断裂，大分子自由基在空气中受到氧化作用，或与其他游离基接受体结合而形成稳定的较短链分子，从而具有一定的可塑度。生胶从原先强韧高弹变为柔软可塑，满足混炼的要求。塑炼的程度和塑炼的效率主要与辊筒的间隙和温度有关。温度越低，生胶黏度越大，若辊筒间隙越小则力化学作用越大，塑炼效率越高。实验证明，可塑度 P 在100℃以下与辊温 T 的平方根成反比。此外，塑炼时间、塑炼操作方法及是否加入塑解剂也会影响塑炼的效果。生胶塑炼的程度是以塑炼胶的可塑度来衡量的。塑炼过程中可取样测量，不同的制品要求具有不同的可塑度，应该严格控制，塑炼不充分以及过度塑炼对最终制品都是有害的。

（2）混炼

混炼是将生胶或塑炼胶与配合剂炼成混炼胶的工艺，是在塑炼胶的基础上进行的炼胶工序。为了提高橡胶制品的物理机械性能，改善加工成型工艺，降低生产成本，需要在生胶或塑炼胶中加入各种配合剂，如填充剂、补强剂、促进剂、硫化剂、防老剂、防焦剂等。混炼胶的质量对胶料的进一步加工和成品质量具有决定性影响。

本实验的混炼也是在开炼机上进行的，开炼机混炼分为包辊、吃粉、翻炼三个过程。为了获得具有一定可塑度且性能均匀的混炼胶，必须控制适当的辊距（1.5～4mm）、适宜的辊温（50～60℃）。注意加料混合的顺序，即量小难分散的配合剂先加到塑炼胶中，使其有较长的时间分散，量大的配合剂则后加。硫黄用量虽少，但应最后加入，因为硫黄一旦加入，便可能发生硫化效应，过长的混合时间将使胶料的工艺性能变差，对其后续的半成品成型及硫化工序都不利。

实验配方中硫黄含量高低与交联度及制品柔软性相关。促进剂对天然橡胶的硫化具有促进作用，不同的促进剂因为它们的活性强弱及活性温度不同，可以协同使用，在硫化时将促进交联作用更加协调，充分显示促进效果。助促进剂即活性剂，在炼胶和硫化时起活化作用。防老剂多为抗氧剂，用来防止橡胶大分子在加工及其后续的应用过程中发生氧化降解，以达到稳定的目的。石蜡与大多数橡胶的相容性不良，能集结于制品表面起到滤光、阻氧等防老化效果，并且对于加工成型有润滑作用。碳酸钙等助剂有增容及降低成本作用，其用量多少将影响制品的硬度。

（3）硫化成型

天然软质硫化胶片的成型可用模压法，通常又称为模型硫化。它是将一定量的混炼胶置于模具的型腔内，通过平板硫化机在一定的温度和压力下压制成型，同时经历一定的时间发生适当的交联反应，最终得到制品的过程。硫化温度直接影响硫化反应速度和硫化胶的质量，其对硫化时间的影响如下：

$$\frac{\tau_1}{\tau_2}=K(T_1-T_2)/100$$

式中，τ_1 为温度为 T_1 时的硫化时间；τ_2 为温度为 T_2 时的硫化时间；K 为硫化温度系数。提高硫化温度可以加快硫化反应速度，但是高温容易造成分子链裂解和硫化还原，故硫化温度应适宜，不宜过高，需根据胶料配方而定，主要取决于橡胶品种和硫化体系。

天然橡胶聚异戊二烯的硫化反应主要发生在大分子间的双键上。其机理为：在适当的温度下，活性剂的活化及促进剂分解成游离基，促使硫黄成为活性硫，同时聚异戊二烯的双键打开形成橡胶大分子自由基，活性硫原子形成交联键使橡胶大分子间交联起来而形成立体网状结构。双键处的交联程度与交联剂硫黄的用量有关，基本是成正比关系。由于并非橡胶分子链上所有双键都发生了交联，故硫化胶成为松散的、不完全的交联立体网状结构。成型时施加一定的压力既有利于活性点的接近和碰撞，促进交联反应的进行，也有利于胶料的流动，防止出现气泡和缺胶现象。通常，塑性大的压力宜小些，厚度大、层数多、结构复杂的压力应大些，一般在 1.5～2.5MPa。硫化过程需保持一定的时间，以保证交联反应达到配方设计所要求的程度，适宜的硫化时间可以通过硫化仪来测定。硫化过后，模具内的胶料已交联定型为橡胶制品，故不必冷却即可脱模。

三、实验仪器和材料

1. 仪器

SY-6215A1 型双辊开炼机、XLB 50-D 平板硫化机、橡胶威廉氏可塑性试验机、模板（模腔 160mm×120mm×2mm）、浅搪瓷盘、弓形表面温度计、天平（感量 0.01g）、铜铲、手套、剪刀等。

2. 材料

天然橡胶（NR）100g；氧化锌 5.0g；硫黄 2.5g；轻质碳酸钙 400g；促进剂 CZ 1.5g；促进剂 DM 0.5g；石蜡 1.0g；防老剂 4010-NA 1.0g；硬脂酸 2.0g；着色剂 0.1g。

四、实验步骤

1. 配料

按上述的配方准备原材料，准确称量，单独放置备用。

2. 生胶塑炼

① 开机：按照机器的操作规程启动双辊开炼机，观察机器运转是否正常。

② 破胶：调节辊距 2mm，在靠近大齿轮的一端操作。将生胶碎块依次连续投入两辊之间，不宜中断，以防胶块弹出伤人。

③ 薄通：胶块破碎后，将辊距调至 0.5～1mm，控制辊温在 45℃左右。将破碎后的胶片在大齿轮的一端加入，使之通过辊筒的间隙，胶片直接落到浅搪瓷盘内。当辊筒上已无堆积胶料时，将胶片折叠重新投入辊筒间隙中，继续薄通到规定的薄通次数为止。薄通次数对塑炼胶可塑度有影响。

④ 捣胶：将辊距调至 1mm，使胶片包辊后，手握割刀从左向右割至靠近右边边缘（不要割断），再向下割，使胶料落在接料盘上，直到辊筒上的堆积胶将消失时停止割刀。割落的胶片随着筒上的余胶被带入辊筒的右方，然后再从右向左同样割胶。操作重复多次后割断胶料。

由于辊筒受到摩擦生热，辊温升高。应经常以手触摸辊筒，若感到烫手，则适当通入冷却水，使辊温下降，并保持不超过 50℃。

⑤ 可塑度试验：经塑炼的生胶称为塑炼胶，在塑炼过程中取样做可塑度试验，测定生胶经薄通 5 次、10 次、20 次、30 次、40 次、50 次、60 次时的可塑度，直到测得的可塑度达到所需塑炼程度时为止。通常塑炼 20min 后，塑炼胶可放置冷却，然后进行后续二段及三段塑炼。一段塑炼胶应达到的可塑度为威廉氏值 0.3 左右。二段及三段塑炼胶的可塑度可达到威廉氏值 0.4～0.5。

3. 胶料混炼

① 调节辊筒温度在 50～60℃之间，后辊较前辊略低些。

② 包辊：塑炼胶置于辊缝间，调整辊距 0.5～1mm，使塑炼胶既包辊又能在辊缝上部有适当的堆积胶。经 2～3min 的辊压、翻炼后，使之均匀连续地包裹在前辊筒上，形成光滑无隙的包辊胶层。取下胶层，放宽辊距至 1.5mm，再把胶层投入辊缝使其包辊，之后可以准备加入配合剂。

③ 吃粉：不同配合剂按如下顺序分别加入。

a. 首先加入固体软化剂如古马隆树脂，这是为了进一步增加胶料的可塑性以便混炼操作，同时因为其分散困难，先加入是为了有较长时间混合，有利于分散。

b. 加入促进剂、防老剂和硬脂酸。促进剂和防老剂用量少，分散均匀度要求高，也应较早加入便于分散。此外，有些促进剂如 DM 类对胶料有增塑效果，早加入有利于混炼。防老剂早加入可以防止混炼时可能出现升温而导致的老化现象。硬脂酸是表面活性剂，它可以改善亲水性配合剂和高分子之间的湿润性，使配合剂能在胶料中得到良好的分散。

c. 加入氧化锌。氧化锌是亲水性的，在硬脂酸之后加入有利于其在橡胶中的分散。

d. 加入补强剂和填充剂。这两种助剂配比较大，如要求分散好本应早些加入，但由于混炼时间过长会造成粉料结聚，应采用分批、少量投入法，而且需要较长的时间才能逐步混入胶料中。

e. 液体软化剂如邻苯二甲酸二辛酯具有润滑性，能使填充剂和补强剂等粉料结团，不宜过早加入，通常要在填充剂和补强剂混入之后再加入。

f. 硫黄最后加入，以防止混炼过程中出现焦烧现象。

吃粉过程每加入一种配合剂后都要捣胶两次。在加入填充剂和补强剂时要让粉料自然地进入胶料中，使之与橡胶均匀接触混合，不必急于割胶。同时还需逐步调宽辊距，使堆积胶量保持在适当的范围内。待粉料全部吃进后，由中央处割刀分往两端，进行捣胶操作，促使混炼均匀。

4. 翻炼

配合剂全部加入后，将辊距调至 0.5～1.0mm，通常用打三角包、打卷或折叠及走刀法等进行翻炼，直至符合可塑度要求时为止。翻炼过程中应取样测定可塑度。

打三角包法：将包辊胶割开，割下胶的左上角翻至右下角，或将其右上角翻至左下角，重复操作至胶料全部通过辊筒。

打卷法：将包辊胶割开，顺势向下翻卷成圆筒状至胶料全部卷起，然后将卷筒胶垂直插入辊筒间隙，这样重复至规定的次数，直至混炼均匀为止。

走刀法：用割刀在包辊胶上交叉割刀，连续走刀，但不割断胶片，使胶料改变受剪切力的方向，更新堆积胶。

翻炼操作通常进行 3～4min，待胶料的颜色均匀一致，表面光滑即可终止。

5. 胶料下片

将翻炼好的胶料压成 2mm 左右厚度，用割刀割断，放置于平整干燥的存胶板上待用。

6. 混炼胶的称量

按配方的加入量，混后胶料的最大损耗为总量的 0.6%以下，若超过这一数值，胶料应予以报废，需重新配炼。

7. 胶料模型硫化

① 混炼胶的准备。将停放 12～24h 的混炼胶裁剪成一定的尺寸备用。胶片裁剪的平面尺寸应略小于模腔面积，而胶片的体积要求略大于模腔的容积。

② 模具预热。模具清洗干净后，在模具内腔表面涂上少量脱模剂石蜡，然后置于硫化机的平板上，在硫化温度 145℃下预热约 10min。

③ 加料模压硫化。将准备好的胶料放入已预热好的模腔内，并立即合模，置于压机平板的中心位置。开动压机加压，胶料硫化压力为 2.0MPa。当压力表达到所需的工作压力时，开始记录硫化时间。本实验分别设置保压硫化时间为 5min、10min 及 15min，在硫化达到预定时间后，立即泄压起模，趁热脱模。

④ 试样停放及性能测试。脱模后的试样置于平整台面上，室温冷却并放置 12～24h 后，进行橡胶邵氏硬度及拉伸性能测试。

五、数据记录和处理

① 观察记录试样外观等性能。

② 可塑度与薄通次数及塑炼时间的关系。

胶料可塑度可采用威廉氏法测定。威廉氏法是根据试样在两平行板间受负荷作用所发生的高度可塑性变化来确定可塑度的。测定时将直径为 16mm，高 10mm 的圆柱体试样（胶片厚度不够，可以在取样时趁热叠合至所需高度），在 70℃温度下，先预热 30min，然后在两平板负荷（5kg）下压缩 3min。除去负荷后在室温下经 3min 恢复。然后根据高度的压缩形变量及除掉负荷后的形变恢复量计算试样的可塑度 P。

$$P=(h_0-h_2)/(h_0+h_1)$$

式中，h_0 为试样原高，mm；h_1 为试样压缩 3min 后高度，mm；h_2 为去掉负荷恢复 3min 后的高度，mm。

如果 $h_2=h_1=0$，则 $P=1$，试样为绝对流体；若 $h_2=h_0$，则 P＝0，试样是绝对弹性体。生胶和塑炼胶为黏弹体，故威廉氏可塑度的取值范围在 0～1 之间，数值越大表示可塑性越大。试样带有气泡、气孔及杂物会影响测试结果。

③ 邵氏硬度与硫化时间的关系。

④ 拉伸性能测试。

六、实验注意事项

① 开炼机操作必须按操作规程进行，要求注意力高度集中。遇到危险时应立即触动安全刹车。

② 割刀必须在辊筒的水平中心线以下部位操作。

③ 禁止戴手套操作，注意避免烫伤。辊筒运转时，手不能接近辊缝处，送料时手应做握拳状。

④ 长发学生要求戴帽或扎起头发后操作。

七、思考题

① 分析天然生胶、塑炼胶、混炼胶和硫化胶的结构和力学性能有何不同？

② 影响天然橡胶塑炼和混炼的主要因素有哪些？

③ 过度塑炼对加工及产品有何影响？

④ 橡胶硫化时，为什么必须严格控制硫化条件？

参考文献

[1] 李青山. 材料科学与工程实验教程（高分子分册）. 北京：冶金工业出版社，2012.
[2] 沈新元. 高分子材料与工程专业实验教程. 2版. 北京：中国纺织出版社，2016.
[3] 贾毅，张立侠. 橡胶加工实用技术. 北京：化学工业出版社，2004.

实验十四　片状模塑料（SMC）的制备及模压成型

一、实验目的

① 掌握 SMC 的制备方法及原理。

② 了解 SMC 制备时对不饱和聚酯的要求及各种添加剂的作用。

③ 掌握 SMC 压制成型工艺及技术。

二、实验原理

随着玻璃钢工业的日益发展，它的各种成型技术如缠绕、模压、手糊、喷射等也都得到了改进和提高。伴随着 SMC 生产制造技术、模压成型技术的提高，以及模具成本的降低、劳动者对工作环境要求的提高，SMC 模压成型工艺逐步替代了原来的固化时间长、生产效率低的手糊、喷射等工艺，成为玻璃钢成型的主要工艺之一。《通用型片状模塑料（SMC）》（GB/T 15568—1995）国家标准于 1996 年 1 月开始实施，现行标准为 GB/T 15568—2008。

片状模塑料（sheet molding compound，SMC）是由不饱和聚酯树脂、低收缩添加剂、填料、引发剂、增稠剂、颜料、脱模剂和短切玻璃纤维或毡片等组成，上下两面覆盖聚乙烯薄膜的一种干片状预浸料。它具有收缩率低、强度高、成型方便、无粉尘飞扬等特点，特别适合工业化大规模生产。SMC 最早用于制造汽车等驾驶室外壳，并迅速在工业、消费品、建筑、能源、电气电子、非汽车运输甚至航空航天领域得到广泛应用。

用于生产 SMC 的不饱和聚酯树脂通常要求黏度适当，适用于填料的高填充量要求和模压工艺，使树脂能够顺利地充满模腔，同时又要有确定的稠化性能，在规定时间内，黏度能够迅速上升到 $12\times10^3\sim15\times10^3$Pa·s，以满足 SMC 加工制造要求。因此，用于生产 SMC 的不饱和聚酯树脂要有确定的端羧基，在碱土金属氧化物或氢氧化物，如 MgO、CaO、$Mg(OH)_2$、$Ca(OH)_2$ 等作用下能反应形成高分子量线型分子，树脂酸值越高，增稠速度越快。分子链间产生配位作用，稠化形成“凝胶状物”，直至变成不能流动的、不粘手的状态，这一过程称为增黏过程或稠化过程。稠化过程一般分为初期与后期两个阶段，从工艺要求看，稠化过程之初应尽可能缓慢，以使不饱和聚酯树脂增稠体系能很好地浸润增强材料，而在浸润增强材料之后的后稠化过程，则要求能快速达到稳定的增稠程度。一般认为，初期的稠化过程中，增稠剂碱土金属氧化物或氢氧化物首先与带有端羧基的不饱和聚酯树脂发生酸碱反应，使不饱和聚酯树脂分子链扩展：

$$\sim\sim COOH+MgO \longrightarrow \sim\sim COOMgOH$$

$$\sim\sim COOH+\sim\sim COOMgOH \longrightarrow \sim\sim COOMgOOC\sim\sim + H_2O$$

后期的稠化过程，反应受扩散限制，形成网络结构的配合物，使体系的黏度明显增加。

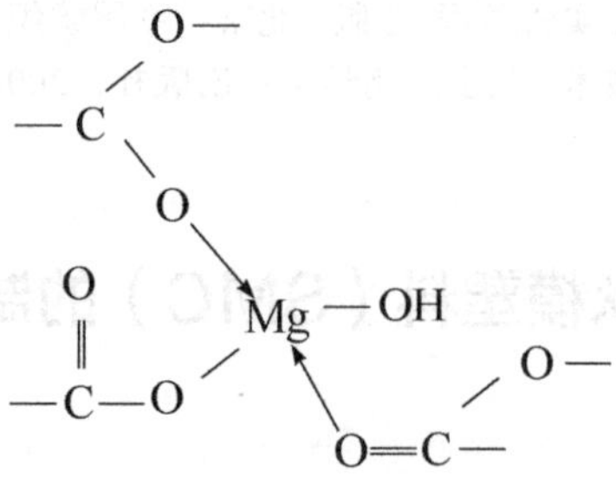

SMC 模压成型时，将一定量符合要求的片状模塑料剪成所需形状，撕去两面的保护薄膜，按要求的层数叠放入模具内，在一定的温度、压力、时间下，使模塑料在模腔内受热塑化、受压流动并充满模腔，然后交联固化即获得相应制品。模压成型工艺生产效率高、制品尺寸精确、表面光洁，结构复杂的制品可一次成型。但是，这种压力成型工艺要求模具高强度、高精度、耐高温，模具设计与制造较复杂。

三、实验仪器和材料

1. 仪器

XLB 50-D 平板硫化机，模具（型腔 150mm×150mm×3mm）、GH-5A 高速搅拌机、聚乙烯（PE）薄膜、玻璃板、手辊。

2. 材料

不饱和聚酯树脂（191#，196#）、苯乙烯、过氧化二异丙苯（DCP）、粉末氯乙烯-乙酸乙烯共聚物（低收缩添加剂）、硬脂酸锌（$ZnSt_2$）（内脱模剂）、$CaCO_3$、活性 MgO、无碱短切玻璃毡、脱模剂（硅油）。

四、实验步骤

① $CaCO_3$、氯乙烯-乙酸乙烯共聚物、$ZnSt_2$ 及 MgO 充分干燥去水。

② 称取固体粉末，120g $CaCO_3$、10g 氯乙烯-乙酸乙烯共聚物、2g DCP、2g $ZnSt_2$、2～4g MgO 及少量颜料于搅拌机中，然后在固体料上面加入苯乙烯 15g 和不饱和聚酯树脂 100g。

③ 开动搅拌器，快速搅拌 15min 使树脂和固体料充分混匀。

④ 将两张 PE 薄膜分别置于两块玻璃板上，然后将充分搅拌好的树脂糊各分一半倒于薄膜上，用玻璃棒将树脂糊铺平。

⑤ 将玻璃毡放置于其中一块铺好树脂糊的薄膜上，将另一块铺好树脂糊的薄膜翻过来盖在玻璃毡上面。用手辊重复滚压薄膜盖好的树脂糊和玻璃毡，使其很好地浸渍。将玻璃板盖在上面，24h 后观察稠化情况，以不粘手为好，即可获得片状模塑料。若黏度不够，可提高温度至 40～50℃下熟化，加快稠化速度，缩短稠化时间。

⑥ 按模具型腔尺寸裁剪好片状模塑料，准备足够的片数。在清洁的模具型腔内均匀地涂一层脱模剂。

⑦ 压制成型：

a. 将模具及压机加热板升温至 135～140℃，并在此温度下恒定 10min。

b. 将裁剪好的 SMC 撕去两面薄膜放入模具中，将平板硫化机迅速加压至预先计算好的压力，保温时间为 $1min \cdot mm^{-1}$。从物料放入模具至加压合模为合模时间，控制在（30 ± 5s）内。

c. 关闭电源，停止加热，保持压力至冷却后，取出脱模。

d. 清洁模具。

⑧ 测定弯曲性能。将压制成型的试样制成 80mm×10mm×3mm 的样条 5 条，测定其弯曲性能。

五、数据记录和处理

① 计算成型压力。成型压力和压机的柱塞面积及表压有如下关系：

$$kP_{表}F=Pf$$

式中，$P_{表}$ 为压机的表压，MPa；F 为柱塞面积，cm^2；P 为制品成型压力，MPa；f 为制品水平投影面积，cm^2；k 为压机的有效系数，可近似取 1。

本实验的成型压力 P 控制在 10MPa 左右。

② 分析 MgO 用量对稠化进程的影响。

③ 记录压制的全过程及温度、压力、时间等各项参数，观察产品的表面情况。

④ 讨论模压大小对产品弯曲强度及模量的影响。

六、思考题

① 为什么不饱和树脂能增稠？除了常用的增稠剂，还有哪些物质可以作为增稠剂？采用结晶性聚酯可以实现自我增稠吗？

② 传统 SMC 的密度为 $1.8～1.9g \cdot cm^{-3}$ ，比钢低 75%，但在塑料材料中仍然较高。

如何进一步降低 SMC 的密度？

③ 保温时间对制品性能有何影响？确定保温时间的原则是什么？

④ 压制成型后制品为什么会发生收缩？有哪些措施可以减小收缩？

参考文献

[1] 刘丽丽. 高分子材料与工程实验教程. 北京：北京大学出版社，2012.

[2] 张玉龙，李萍. 塑料配方与制备手册. 3 版. 北京：化学工业出版社，2017.

[3] 刘建平，宋霞，郑玉斌. 高分子科学与材料工程实验. 北京：化学工业出版社，2017.

第四节　压延及流延成型

实验十五　塑料片材的压延成型

一、实验目的

① 熟悉压延成型的原理及工艺流程，了解压延成型的操作条件。

② 掌握压延成型的基本操作。

二、实验原理

压延成型过程是借助辊筒间产生的强大剪切力，使黏流态的物料多次受到挤压和延展作用，成为具有一定宽度和厚度薄层制品的过程。

压延成型主要适用于热塑性塑料，其中以非晶性的聚氯乙烯及其共聚物最多，另外还有聚乙烯、ABS、聚乙烯醇、醋酸乙烯和丁二烯共聚物等塑料。近年来也有压延聚丙烯、聚乙烯等结晶性塑料的。压延还可以用来整饰表面，使片材表面具有所要求的光滑度，或者故意使表面具有一定的粗糙度或做成图案。

聚氯乙烯（PVC）为无毒、无味的白色粉末，是一种非晶态高聚物，其玻璃化温度为80℃，塑化温度 150～170℃，热稳定性差，易分解，在空气存在时 100℃就开始有轻微降解，同时分解时放出的 HCl 会加快聚氯乙烯分解，因此加工成型时一定要加入稳定剂。增塑剂可降低聚氯乙烯树脂的熔融温度或熔体黏度，增加其流动性，使之易加工成型，提高制品的柔软性、冲击强度、伸长率。

1. 压延工艺过程

压延工艺过程可分为供料和压延两个阶段，工艺流程见图 3-10。

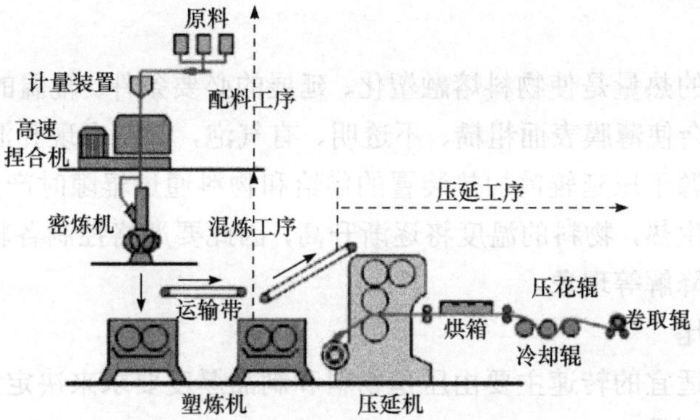

图 3-10 压延成型工艺流程

（1）供料阶段

供料阶段是压延前的准备阶段，包括配料、混合、塑化、向压延机传输喂料（又称供料）等工序。

① 配料。将树脂及各种助剂按配方比例准确称量备用。

② 混合。将配料各组分按预定顺序加入高速混合机进行充分混合，确保各组分均匀分散，浸润，然后，转入低速冷混合机使物料从约100℃冷却到60℃以下。

③ 塑化。混合好的物料可以用四种工艺过程进行塑化，密炼机塑化、双辊开炼机塑化、挤出机塑化和连续混炼机塑化。

④ 供料。塑化后的熔融物料通过传输装置均匀地向压延机供料，塑化方式不同，供料方式也不同。目前，连续供料方式已取代间歇喂料操作。向压延机供料前，需经过金属探测仪监测。

（2）压延阶段

压延阶段是压延成型的主要阶段，包括压延、引离、压花、冷却、切割、卷取等工序。

① 压延。压延机工作时，两个辊筒以不同的表面速度相向旋转，在两辊筒间的物料，由于与辊筒表面的摩擦和黏附作用，以及物料间的黏结作用，被拉入两辊筒间隙之间。在辊隙内的物料受到强烈的挤压和剪切，形成楔形断面的料材。

② 引离。通过引离辊的作用，使薄膜或者片材从压延机辊筒上脱离，并对制品进行拉伸。引离辊距离一个压延辊 75～150mm，中空通蒸汽加热，防止冷拉和增塑剂等挥发性物质凝结在表面，其线速度比主机辊筒快 30%左右。

③ 压花。若要求制品表面有花纹，则进行压花处理，压花装置由刻有花纹图案的压花钢辊和橡胶辊组成。

④ 冷却。薄膜或片材成型后，经过若干组冷却辊冷却定型，高速压延时，应增加冷却辊筒数量。

⑤ 切割。冷却定型后的制品切去不整齐的两侧毛边，通过输送带送到卷取装置。这一过程的制品呈平坦而松弛的状态，因此，可消除压延制品的内应力。

⑥ 卷取。使制品成卷状，以便储存和运输。

2. 压延操作条件

压延工艺的控制主要是确定压延操作条件，包括辊温、辊速、速比、存料量、辊筒间距等。

（1）辊温

辊筒具有足够的热量是使物料熔融塑化、延展的必要条件。辊温的高低影响物料的塑化情况，温度过低会使薄膜表面粗糙、不透明、有气泡，甚至出现孔洞。物料在压延过程中所需热量主要来源于压延辊筒加热装置的供给和物料通过辊隙时产生的摩擦热。由于压延过程物料因摩擦生热，物料的温度将逐渐升高，因此要严格控制各辊的温度，以防物料因局部过热而出现降解等现象。

（2）辊速与速比

压延机辊筒最适宜的转速主要由压延物料和制品厚度要求来决定，一般软质制品压延的转速要高于硬质制品。

压延机相邻两辊筒线速度之比称为辊筒的速比，压延辊筒具有速比的目的是使压延物料依次粘辊，使物料受到剪切，能更好地塑化，还可以使压延物获得一定的延伸和定向作用。辊筒速比根据薄膜的厚度和辊速来调节，一般在 1∶1.05～1∶1.25 的范围。速比过大会出现包辊现象，过小则薄膜吸辊性差，空气极易混入使产品出现气泡。

（3）辊筒间距

辊筒间距的调节既是为了适应不同厚度制品的要求，也是为了改变各道辊隙之间的存料量。辊距逐渐减小就能逐步增大对物料的挤压力，赶走气泡，提高制品密度，同时有利于辊筒对物料的传热塑化，从而提高制品质量。压延机最后一道辊距要控制到与制品厚度大致相同。

三、实验仪器和材料

1. 仪器

potopex20/28 三辊小型精密挤出压延实验线，螺杆直径 20mm，螺杆长径比 1∶28，如图 3-11 所示。

2. 材料

聚氯乙烯（PVC）粉（SG-4，SG-5）、低密度聚乙烯（LDPE）粒料。

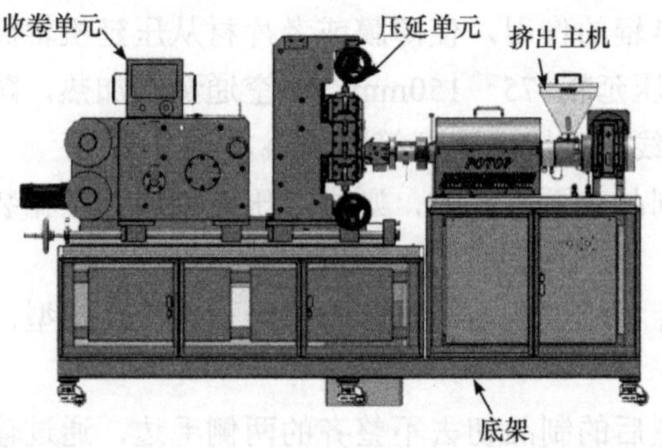

图 3-11 小型精密挤出压延实验线设备

四、实验步骤

① 准备好铜铲刀、内六角扳手、铜塞尺、剪刀、测厚量规、铜棒等工具。

② 开机前准备工作。需穿长袖衣服，佩戴安全隔热手套，女生需要把头发盘起来，检查水电气是否正常。

③ 打开设备水路、电路、气路，打开设备复合开关，打开温控界面，设定所需温度，系统温度控制界面和电机控制界面如图 3-12 所示。设定温度前需了解上次实验所用温度，以防温度设定过高或过低引起原料分解或螺杆抱死。开启模温机，按照工艺要求设定模温机温度，加工 PVC 时设定为 80℃（如所需温度超过 120℃，建议按照阶梯升温的模式进行升温）。清理干净三辊，并将辊距调整到接近实验要求。

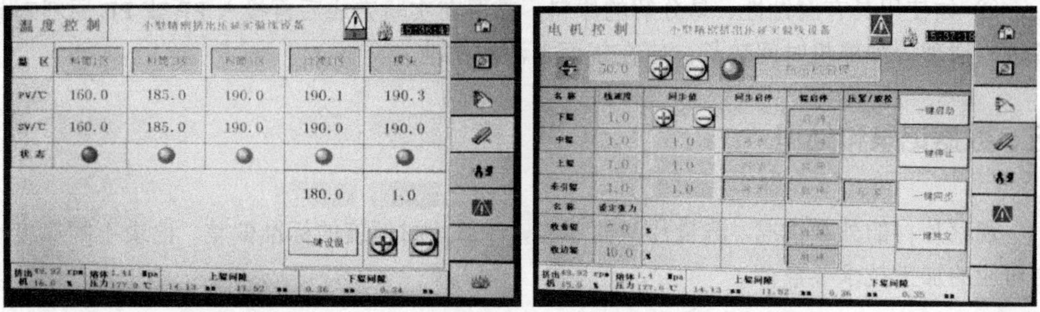

(a)　(b)

图 3-12　系统温度控制界面（a）和电机控制界面（b）

④ 待实际温度达到设定温度并保温 30min 后，启动挤出机。设定主机转速 10～15r · min^{-1}，初步运行，同时观察主机转矩和熔体压力状态。推入下料挡板放料，待原料缓慢下料后再根据实际情况逐步调节转速，保持熔体压力在 3MPa 以上，不宜超过 20MPa。

⑤ 使用铜铲刀清理口模，并持续挤出原料，挤出原料干净后再进行牵膜工作。

⑥ 启动上压辊和下压辊电机，压延辊转速调至 1r · min^{-1}；启动收卷辊电机，启动收边辊电机；确保双辊处在打开状态下，移动压延辅机靠近模头，使用铜棒带动从模头出来的原料贴辊，按照辊的切线方向牵引塑料片材，牵引至牵引辊后再启动夹紧，然后牵至收卷辊收卷。

辊筒上料时，料要先少加，量要均匀，先在一辊、二辊中间加料。供料正常后，根据熔料包辊情况，适当微调各辊的温差及速比直至熔料包辊运行正常。

按制品厚度尺寸精度要求，通过控制拉伸辊转速和拉伸辊辊距调节装置达到理想拉伸效果。调整辊与辊之间的速比，使片材的宽度及厚度调整到合适的尺寸，如图 3-13 所示，得到系列不同厚度的片材，并使制品的厚度尺寸精度控制在要求公差内。

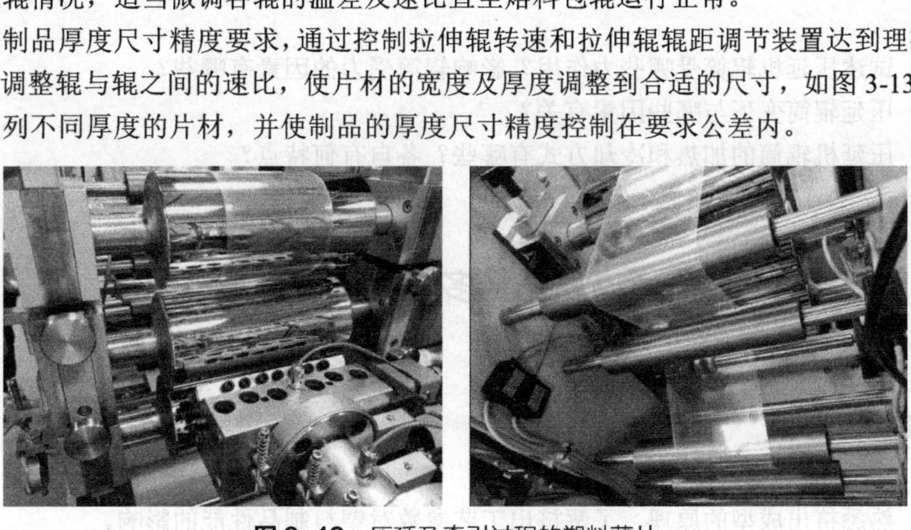

图 3-13　压延及牵引过程的塑料薄片

⑦ 任务完成，停止计量上料。停机时，先拉出下料挡板阻料，降低辊速至 $1r \cdot min^{-1}$，辊筒间熔料接近没有时，立即快速调节一辊、二辊间距离；同样，快速调大二辊、三辊辊间距离，调节后辊距应不小于 3mm。待料筒内原料挤空时（熔体压力降低至 1MPa 以下视为原料挤空），逐步停止主机（由高到低依次降低转速直至停止）。刮掉模头表面原料，关闭加热开关。停止辅机：待剩余薄膜收卷完后，停止牵引辊电机、收边辊电机和收卷辊电机的转动，并将残留薄膜或辊上物料清除干净，辊筒表面温度降至低于 80℃时，停止辊筒转动。关闭模温机，关闭电源。

⑧ 如使用具有腐蚀性、易分解的原料，需要在实验完成后再投入 PP 或 PE 原料对设备进行清理。如停机时间较长，应在辊面上涂防锈油。

五、数据记录和处理

观察片材的外观情况，测量片材的厚度，计算片材厚度的标准偏差。记录不同厚度片材对应的加工技术参数。

六、实验注意事项

① 启动压延机主机时应从低速开始，逐渐提高至正常工作速度。

② 对压延机辊筒加热或冷却时，应在运转中逐渐升温或降温。

③ 加料前，必须将辊筒加热至工艺规定的温度。

④ 调小辊距（<1mm）时，辊隙间一定要有物料，以免碰辊。

⑤ 牵引过程中禁止把手放入辊间隙，注意切刀，注意辊筒温度。

⑥ 禁止用金属制品伸入下料口，禁止用硬金属或尖锐物品刮刺辊筒、模头出口。

七、思考题

① 试述压延机辊筒受哪些力作用？影响辊筒受力的因素有哪些？

② 压延辊筒变形与哪些因素有关？

③ 压延机辊筒的加热和冷却方式有哪些？各自有何特点？

实验十六 聚乙烯多层共挤出流延成型

一、实验目的

① 熟悉挤出成型的原理，了解挤出工艺参数对塑料制品性能的影响。

② 了解流延膜机的基本结构及各部分的作用，掌握流延膜挤出成型基本操作。

二、实验原理

热塑性塑料挤出成型是主要的成型方法之一。塑料的挤出成型原理就是塑料在挤出机中，在一定的温度和一定压力下熔融塑化，并连续通过有固定截面的型模，经过冷却定型，得到具有特定断面形状的连续型材。不论挤出造粒还是挤出制品，都分两个阶段：第一阶段，固体状树脂原料在机筒中，借助料筒外部的加热和螺杆转动的剪切挤压作用而熔融，同时熔体在压力的推动下被连续挤出口模；第二阶段，被挤出的型材失去塑性变为固体即制品，有条状、片状、棒状、筒状、膜状等。

流延法成型原理，是利用挤出机将塑料原料熔融塑化成低黏度容易流动的熔体，挤出机螺杆推动熔体通过流延膜 T 字形机头流布到旋转的辊筒上，经过辊筒时受到拉伸、冷却、牵引等作用，最后经切边、收卷得到薄膜状塑料制品。

本流延膜机适合生产低密度聚乙烯（LDPE）塑料流延薄膜，该机采用双螺杆挤出，两个进料斗的原料使用不同的配方。生产的薄膜可达到一边粘的效果，广泛用于建筑材料、五金配件等包装。

三、实验仪器和材料

1. 仪器

共挤流延膜机、透过率雾度测试仪、千分尺。

挤出机的结构组成如图 3-14 所示。挤出机技术参数：螺杆直径 D 50mm；长径比 L/D 28∶1；螺杆转速 1～120r·min^{-1}；产量 10～40kg·h^{-1}；电机功率（7.5×2）kW；加热功率 30kW；制品宽度 200～550mm；制品厚度 0.015～0.08mm

2. 材料

低密度聚乙烯（LDPE）、乙烯-醋酸乙烯共聚物（EVA）。

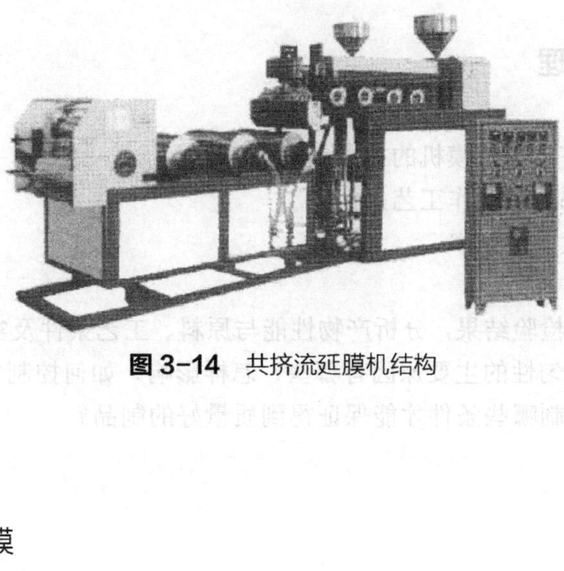

图 3-14　共挤流延膜机结构

四、实验步骤

1. 挤出流延成型薄膜

① 开通水电，设定挤出机螺杆、模头、分配器和三通温度，见表 3-5～表 3-7。

表3-5 挤出机螺杆温度 单位：℃

项目	Ⅳ区	Ⅲ区	Ⅱ区	Ⅰ区
螺杆H温度	210	190	180	165
螺杆Z温度	210	190	180	165

表3-6 模头温度 单位：℃

模头	Ⅴ区	Ⅳ区	Ⅲ区	Ⅱ区	Ⅰ区
温度	235	235	230	235	235

表3-7 分配器和三通温度 单位：℃

分配器温度	230
三通温度	225

② 待到温度恒定开动主机，螺杆转速3.6～3.85Hz。

③ 牵引6.8Hz，收卷6.85Hz。

④ 卷边机7.0Hz。

⑤ 观察挤出流延膜形状和外观质量，记录挤出流延正常时的各段温度等工艺条件，记录一定时间内的挤出量，计算产率。

⑥ 实验完毕，关闭主机，趁热清除机头中残留塑料，清理其余各部分。

2. 薄膜厚度及透光率的测定

截取挤出流延成型的薄膜，测定薄膜厚度及其透光率。

五、数据记录和处理

① 列出实验用挤出流延膜机的技术参数。

② 列出使用的原料及操作工艺条件。

③ 列出膜的厚度及透射率。

④ 讨论：

a. 结合试样性能检验结果，分析产物性能与原料、工艺条件及实验设备操作的关系。

b. 影响挤出物均匀性的主要原因有哪些？怎样影响？如何控制？

c. 实验中，应控制哪些条件才能保证得到质量好的制品？

六、实验注意事项

① 挤出过程中，严防金属杂质、小工具等落入进料口中。熔体被挤出之前，任何人

不得在机头口模的正前方。操作时注意旋转滚筒危险。

② 清理设备时，只能使用钢棒、铜制刀等工具，切忌损坏螺杆和口模等处的光洁表面。

③ 挤出过程中，要密切注意生产工艺条件的稳定性，适当调整工艺参数保证产品质量。如果发现不正常现象，应立即停止，进行检查处理后再恢复实验。

七、思考题

① 流延膜机的主要结构由哪些部分组成？

② 制造塑料薄膜的工艺有几种？各有何特点？

第五节　中空吹塑及吸塑成型

实验十七　高密度聚乙烯中空吹塑容器

一、实验目的

① 了解中空吹塑成型设备结构及成型工艺。

② 学习吹塑成型设备的操作及使用方法。

③ 掌握中空吹塑成型原理及产品质量的控制方法。

二、实验原理

塑料中空制品是塑料制品中的一大类型，主要有瓶、桶、罐及箱等。中空吹塑是制造塑料容器的主要成型方法，它是借助压缩空气的作用使闭合在模腔中处于高弹态的型坯吹胀变形，对吹胀物施加压力使其紧贴吹塑模的型腔壁以取得型腔的精确形状，再经冷却定型成为中空制品的成型技术。可采用挤出吹塑和注射吹塑两种方法。注射法有利于型坯尺寸和壁厚的准确控制，制品规格均一、无结缝线痕，底部无边不需进行较多的修饰。挤出法得到的制品形状和大小多样，型坯温度易控制，生产效率高，设备成本低，工业生产上较多采用。但是，废品率较高，成型后必须进行修边操作。

挤出吹塑成型的常用塑料有聚乙烯、聚丙烯、聚氯乙烯、聚对苯二甲酸乙二醇酯、高抗冲聚苯乙烯、尼龙以及聚碳酸酯等。成型的中空制品质轻、耐腐蚀、可密封，具有优良的抗冲击性和耐环境应力开裂等性能。挤出吹塑成型生产工序比较简单：制品主辅用料计量混合均匀→挤出机熔融挤出型坯→进入吹塑模具内，切断管状熔料→合模→型坯经压缩空气吹胀成型→制品冷却定型→开模取出制品。

挤出吹塑成型设备包括型坯挤出成型部分和型坯吹胀成型两部分。其中，型坯吹胀成型部分的结构如图 3-15 所示。型坯吹塑工艺过程如图 3-16 所示。为了让吹塑制品获得良好的纵向力学性能，往往在吹塑过程中进行拉伸操作，型坯拉伸吹塑工艺过程如图 3-17 所示。

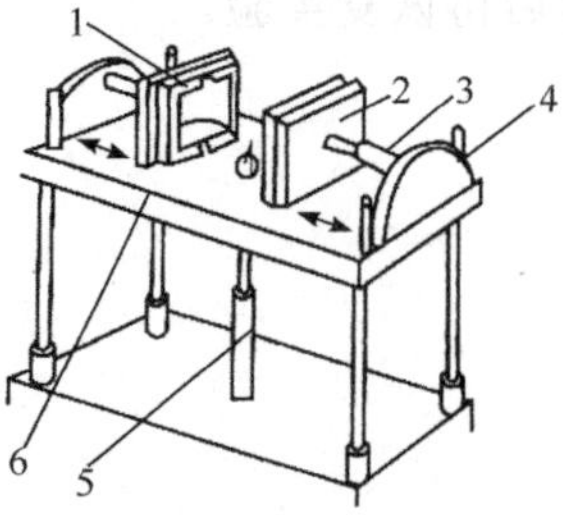

图 3-15 吹塑成型装置结构

1—固定或移动模板；2—移动模板；3—传动轴；4—减速箱；5—压缩空气输入管；6—机架

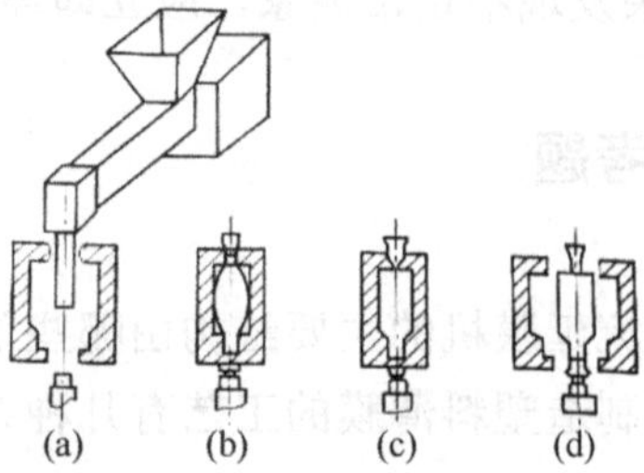

图 3-16 型坯吹塑工艺过程

(a) 挤出型坯；(b) 吹胀；(c) 冷却；(d) 脱模

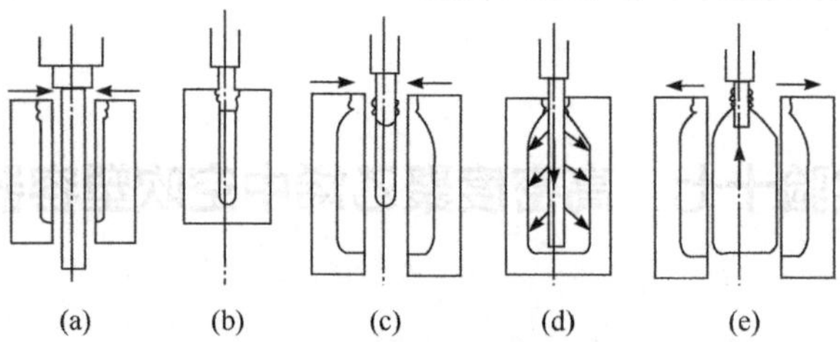

图 3-17 型坯拉伸吹塑工艺过程

（a）挤出坯管，合模；（b）坯管封底、定型；（c）坯管移至成型模具内；（d）拉伸、吹胀坯管；（e）冷却定型后脱模

中空吹塑制品的质量受树脂特性影响，低熔体流动速率树脂可防止管坯下垂，但不宜过低，否则易发生不稳定流动。通常，熔体流动速率为 0.3～4g · 10^{-1}min^{-1} 的低密度聚乙烯（LDPE）适合生产小容积中空制品，25L 以下较大容积制品选择熔体流动速率为 0.05～1.2g · 10^{-1}min^{-1} 的高密度聚乙烯（HDPE），大于 25L 的中空制品则选用高分子量 HDPE。通常支化聚乙烯等拉伸黏度随拉伸应力增加而增大的物料更有利于吹塑加工。

此外，成型工艺条件如型坯温度、吹塑的空气压力和速率、机头及吹塑模具结构特征等因素都对挤出吹塑过程及制品质量有影响。

（1）型坯温度

吹塑成型温度通常在塑料的 T_g～T_f 之间，塑料呈高弹态。温度的高低直接影响型坯的形状稳定性和吹塑制品的表观质量。温度太高，熔体强度低，型坯易打褶、下垂严重，此外，模具夹持口不能迫使足够量的熔料进入拼缝线内，造成底薄、拼缝线处强度不足和冷却时间延长等问题。温度过低，熔料塑化不良，过分的挤出膨胀使型坯卷曲、壁厚不均、内应力增大，甚至表面粗糙。通常 LDPE 熔融塑化温度在 140～180℃，HDPE 为 150～210℃，中空制品模具温度为 20～40℃。

（2）吹塑的空气压力

吹塑过程中的压缩空气有吹胀和冷却两个作用。为使型坯能够获得清晰的外形轮廓及标示等信息，必须使用足够的吹塑压力。压力的大小随材料模量、型坯温度、制品容积和壁厚而异。低黏度、小容积或厚壁制品宜采用低压力；高黏度、大容积或薄壁制品宜采用较高压力。聚乙烯一般在 0.3～0.5MPa 范围。

（3）充气速率

为缩短吹塑时间，以利于制品获得较均匀的厚度和较好的表面质量，充气速率应尽可能大一些。但充气速率过大容易在空气进口处造成局部真空，使这部分型坯内陷，影响制品外观质量，甚至口模部分的型坯有可能被极快的气流拉断使吹塑无法进行。

（4）螺杆转速

高的挤出速度能够提高产量，减少型坯下垂，但转速过快易产生不稳定流动，螺杆转速应视具体物料而定。

（5）机头和吹塑模具结构特征

机头、口模的间隙和形状直接影响吹塑制品壁厚的均匀性，因而其流道应为流线型，口模表面要光洁。

吹塑模具通常由两瓣构成，夹持口的角度和宽度、余料槽的大小都会影响模具闭合严密情况及制品接缝质量的好坏。模腔的排气孔可使型坯与模腔之间的残留空气在吹胀时顺利逸出。若模具排气不良，夹气将阻碍塑料型坯贴紧冷模壁，不仅冷却时间拉长而且影响塑料的均匀固化，导致制品出现在凹腔、波沟、转角处产生橘皮状斑点或局部变薄等缺陷，甚至在合模时出现模内受压空气膨胀，发生制品炸裂的异常现象。模腔中冷却水通道的布置影响制品的均匀冷却，要尽可能靠近模腔，特别是临近夹持口和厚壁部分。

三、实验仪器和材料

1. 仪器

中空吹塑机、吹塑模具、静音空气压缩机、接触式温度计、测厚仪、铜刮刀、手套、剪刀。

2. 材料

吹塑级高密度聚乙烯（熔体流动速率 $0.35\sim1.2g\cdot10^{-1}min^{-1}$）。

四、实验步骤

① 熟悉挤出机、吹瓶辅机的操作使用规程。接通水、气，开启电源。

② 设定挤出机各段及机头的温度分别为155℃、155℃、160℃、160℃、165℃和160℃，模具温度设定为40～50℃。设定吹塑压力0.2MPa，设定吹塑流程工艺时间。

③ 启动吹瓶辅机，将控制面板转换开关置于手动位置，在慢速运转下校正模具的装配松紧度，拧紧定位螺钉。

④ 待主机各段加热至设定温度并保温30min后，向料筒中加入HDPE粒子，慢速启动主机，当一小段熔融管坯挤出口模后，观察管坯形状、表面状况等外观质量，并剪取一段管坯料测量其壁厚和直径，了解挤出胀大和管壁均匀程度。根据测量情况调整加热温度、挤出速度、口模间隙等工艺及设备参数，使管坯质量处于稳定状态。

⑤ 将挤出的型坯引入已分开的吹塑模型腔中，待型坯达到适当长度时，立即切断型坯，闭合模具。

⑥ 迅速开启通气阀，使压缩空气将型坯吹胀紧贴型腔，同时排出型坯外壁与模腔之

间的残留空气。

⑦ 保持内部压力，通水或压缩空气冷却模具，通常冷却时间占总成型时间的60%以上。待制品完全定型后，关闭冷却装置，打开模具脱出制品。修边，观察制品外观，测量壁厚。

⑧ 由低至高改变口模加热温度或者由高至低依次改变空气压力，重复上述操作过程，观测制品外观质量及性能变化。

⑨ 将吹塑机设为自动操作，调整各个定时器的定时时间，开始自动吹瓶。

⑩ 实验结束时，先关闭气源再切断电源。

五、数据记录和处理

① 记录原料及加工工艺参数。

② 记录制品外观、壁厚，分析试样质量与成型工艺条件的关系。

六、思考题

① 分析原料密度、分子量分布、熔体流动速度及结晶度等与挤出吹瓶工艺条件的关系？

② 分析挤出吹塑工艺条件对产品质量的影响？

③ 改善挤出型胚下垂现象的方法有哪些？

参考文献

[1] 张丽珍，周殿明. 塑料工程师手册. 北京：中国石化出版社，2017.

[2] 吴智华. 高分子材料加工工程实验教程. 北京：化学工业出版社，2004.

实验十八　低密度聚乙烯吹塑薄膜

一、实验目的

① 了解吹塑薄膜成型的原理及工艺参数对产品质量的影响。

② 了解挤出机及辅助机的基本结构，掌握吹塑薄膜成型操作方法及工艺。

二、实验原理

吹塑薄膜是塑料薄膜成型方法之一，吹塑成型分为三个阶段：①挤出管坯。将树脂利用挤出机熔融塑化，并自前端口模的环形间隙中挤出呈薄壁圆管状的管坯。②吹胀管坯。将管坯前端封闭，由机头的芯棒中心孔处通入压缩空气，此时圆管状型坯纵横向都有伸长，被吹胀呈膜管状。③冷却定型。用外侧风环冷却，并牵引膜管进入导向夹板和牵引夹辊，压扁的膜管能阻止膜管内空气漏出以维持所需恒定吹胀压力，在牵引装置的作用下，控制聚合物的流动状态，压缩空气可将塑料吹胀成所要求的厚度，经冷却定型后成为平折双层薄膜，最后进入卷取装置收卷。目前用于吹塑薄膜的原料有高密度聚乙烯（HDPE）、低密度聚乙烯（LDPE）、线型低密度聚乙烯（LLDPE）、聚氯乙烯（PVC）、聚偏二氯乙烯（PVDC）、聚丙烯（PP）、聚碳酸酯（PC）、尼龙（PA）、乙烯-醋酸乙烯共聚物（EVA）、聚乙烯醇（PVA）等。除单层薄膜外，还可制备多层复合薄膜。

吹塑薄膜工艺流程大致如下：料筒上料→物料熔融挤出→吹胀牵引→风环冷却→人字夹板夹持→牵引辊牵引→电晕处理→薄膜收卷。

根据吹塑时挤出物的走向，吹塑薄膜的生产分为平挤上吹、平挤平吹和平挤下吹三种方式，但过程和原理都相同。吹塑过程中，从机头孔道吹入的压缩空气使管坯横向膨胀，同时牵引辊连续纵向牵伸，使膜管达到所要求的厚度及折径。伴随膜管纵横向的拉伸，高分子链发生双轴取向。制备性能良好的薄膜需要两个方向的拉伸取向达到平衡，即纵向的牵引比（牵引膜管的速率与挤出塑料熔体的速率之比）与横向的吹胀比（膜管的直径与口模直径之比）尽可能相等。吹胀比增大，薄膜的横向强度提高。吹塑过程中吹胀比受到冷却风环直径的限制，可调范围有限。通常吹胀比也不能太大，否则容易造成膜管不稳定，且薄膜容易出现皱折。牵引比增大，则薄膜纵向强度提高，薄膜的厚度变薄，如果牵引比过大，薄膜的厚度难以控制，甚至有可能会将薄膜拉断，造成断膜现象。一般来说，低密度聚乙烯薄膜的吹胀比控制在 2.5～3.0，牵引比控制在 4～6 之间为宜。吹胀比与牵引比的差别使得吹塑薄膜纵、横两向的强度有差异，通常是纵向强度大于横向强度。为减少薄膜厚度波动、提高生产效率，机头和口模的结构设计要合理并使流道顺畅，尺寸要精确避免出现偏中现象，同时控制工艺及操作是关键。

吹塑过程中，加工温度和冷却效果是重要的工艺条件。吹塑时沿挤出机料筒各段以及机头到口模的温度逐渐提高。吹塑低密度聚乙烯薄膜时，挤出温度一般控制在 160～170℃之间，且必须保证机头温度均匀。料筒温度高，熔体黏度降低，挤出流量大，有利于提高生产效率。但是，挤出温度过高，树脂容易分解，挤出膜管冷却不良，膜管厚度不均，甚至起皱黏结等，且薄膜发脆，尤其纵向拉伸强度显著下降；挤出温度过低，则树脂塑化不良，不能圆滑地进行膨胀拉伸，薄膜的拉伸强度较低，且表面的光泽性和透明度差，甚至出现像木材年轮般的花纹以及未熔化的晶核（鱼眼）。

风环是吹塑常用的冷却装置，利用压缩空气通过风环间隙向膜管直接吹气进行冷却。在吹膜过程中，低密度聚乙烯从口模中挤出时呈熔融状态，透明性良好。当离开模口之后，冷却风环对膜管的吹胀区进行冷却，冷却空气以一定的角度和速度吹向刚从机头挤出的塑料膜管。当高温的膜管与冷却空气接触时，膜管的热量被冷空气带走，其温度明显下降到低密度聚乙烯的黏流温度以下，从而使其冷却固化且透明度下降。在吹塑膜管上会出现一条透明和模糊之间的分界线，这在工业生产中常称为露点，又称霜线、冷凝线，是塑料黏流态与高弹态的分界线。

在吹膜过程中，冷凝线的高低对薄膜性能有一定的影响。如果冷凝线高，位于吹胀后的膜管上方，则薄膜的吹胀是在黏流态下进行的，吹胀仅使薄膜变薄，而高分子链不发生拉伸取向，这时的吹胀膜性能接近于流延膜。相反，如果冷凝线比较低，则吹胀是在高弹态下进行的，吹胀就如同横向拉伸一样，使高分子链发生拉伸取向，从而使吹胀膜的性能接近于定向膜。通过调节风环中风量大小、移动风环位置可以控制冷凝线的高低，即泡颈的长短，冷凝线不宜离口模太近或太远。

冷却风环位于口模的上方膜管四周，旋转可调节出风量的大小，以控制膜管的冷却速度。通常，顺时针旋转出风量变小，冷却速度变慢；逆时针旋转出风量变大，冷却速度变快。出风量的大小直接影响到膜泡的稳定性。膜泡的不稳定性可能是引起折皱的主要原因。

三、实验仪器和材料

1. 仪器

SY-6218A 实验室吹膜机，结构如图 3-18 所示，托盘天平、测厚仪、直尺、哑铃形标准刀具、剪刀、棉纱手套、铜夹子。

2. 材料

LDPE、HDPE、LLDPE、PP 等树脂。

芯棒式机头结构如图 3-19 所示，熔融物料从机头挤出后，通过机颈到达芯棒轴，在芯棒的阻挡下，熔融物料被分成两股料流，沿芯棒分流线流动，在芯棒尖处又重新汇合。然后，料流沿口模环形缝隙挤出成管坯。芯棒中通入的压缩空气将管坯吹胀成膜管。

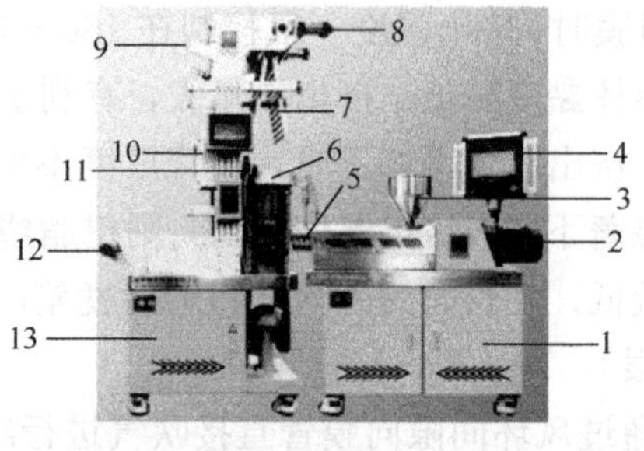

图 3-18 实验室吹膜机

1—单螺杆挤出机；2—电动机；3—料斗；4—人机界面；5—快换接头；6—风环；7—人字架；8—牵引装置；9—导轮；10—灯箱；11—吹胀气阀门；12—收卷轴；13—吹膜塔

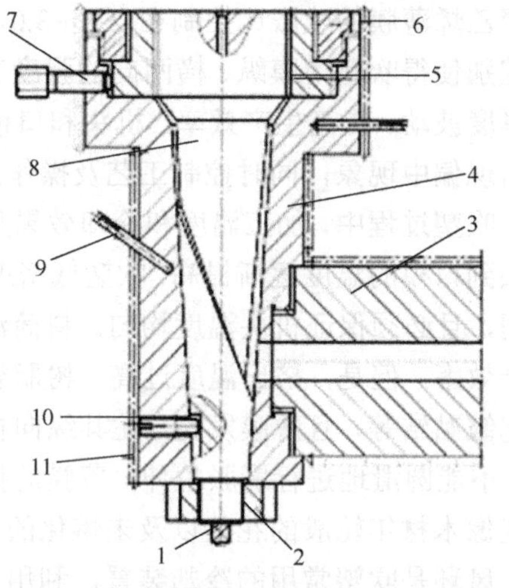

图 3-19 吹膜机头

1—压缩空气气门；2—锁母；3—机颈；4—机头体；5—口模；6—锁母；7—调节螺钉；8—芯棒；9—测温装置；10—定位螺钉；11—加热装置

四、实验步骤

① 了解机器结构，检查主机加热系统是否正常，机头连结部分的螺栓是否紧固，辅机各部分运转是否可靠。

② 根据原料熔融温度等特性，初步设定挤出机各段和模头的控制温度。按下加热键开始加热，将挤出机料筒及膜头预热至拟定温度数值，恒温 10min。按顺序启动辅机的收卷、灯箱、气泵及风冷。挤出机和吹膜辅机的程式界面如图 3-20、图 3-21 所示。

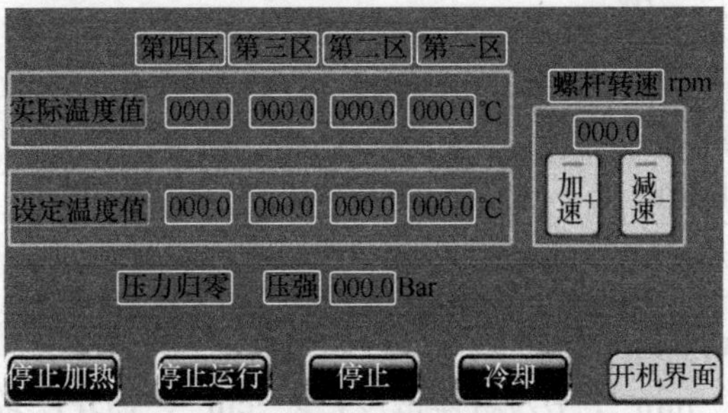

图 3-20　单螺杆挤出机程式界面

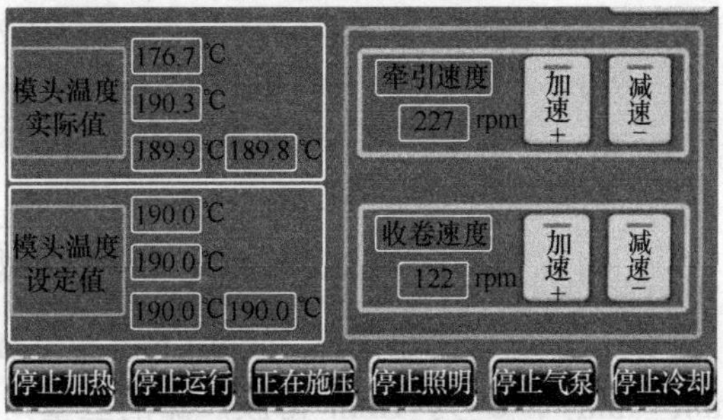

图 3-21　吹膜辅机程式界面

③ 从料斗加入少量塑料，开启主机使螺杆在低速下（如 $15r \cdot min^{-1}$）运转，并注意进料及主机电流情况，如进料困难或主机电流过大，应及时停机，提高主机料筒温度并保温一段时间后再开机。

④ 调整螺杆转速，调整牵引转速。当口模挤出的膜管壁厚一致时，戴手套小心提拉管坯，人工将管坯端口捏封至扁平，小心地穿过人字夹板及牵引辊夹缝，再导入梯架背面的导辊上。此时，打开进气阀门（向上提起气阀旋钮，顺时针转动进气），使一定量的压缩空气进入芯模中心产生气压，膜泡逐渐形成且缓慢上升形成膜管。当膜泡稳定后，将前段次品剪切掉，膜管小心带入收卷胶辊，然后把收卷轴放至主收卷轴，完成薄膜的收卷。

⑤ 调整压缩空气的进气量、冷却风环的位置、冷却风环出口间隙等，使膜管连续对称稳定地形成。在膜管收卷正常后，可以将薄膜调至所需要的厚度和宽度。工业生产中，改变牵引速度是控制薄膜厚度最有效的方法。通过调节人字架可以调整薄膜的宽度。

⑥ 观察膜管的形状变化，冷凝线位置及膜管的尺寸变化，膜管的形成是否稳定，折径是否符合要求。若不符合则仍需对气阀进气量、螺杆转速、牵引速度及人字夹板进行反复细致的调整。挤出吹塑过程中，温度、冷却风环及压缩空气的稳定可减少吹塑过程的波动。

⑦ 待膜管形状、尺寸、折径及外观质量稳定后，在无破裂泄漏的情况下，不再通入压缩空气。若有气体泄漏，则可以通入少量压缩空气补充，确保膜管内压力稳定。

⑧ 截取 5min 生产的薄膜（用油性笔每分钟标记一次），记录工艺条件。称重并计算产率（$kg \cdot h^{-1}$）。

⑨ 缓慢改变成型工艺条件（如提高料温、改变螺杆转速、改变牵引速度、移动风环位置、加大压缩空气流量等），观察和记录膜管外观变化以及膜管的冷凝线的变化情况。待过程正常后，再次截取 5min 的产品进行称量和计算。

⑩ 实验完毕，观察压力值，当物料基本没有压力后，逐渐降低螺杆转速，停机并切断总电源，趁热用铜制刀棒清理螺套及口模处的残留物。

⑪ 从薄膜纵、横不同方向截取力学性能测试样品，测试薄膜的纵向及横向拉伸性能。

五、数据记录和处理

① 记录吹膜工艺参数。

② 测量薄膜厚度，计算平均厚度 (δ)、横向厚度及纵向厚度偏差。

③ 测量膜管折径 (W)，计算吹胀比 (α) 和牵引比 (β)。

$$\alpha = D_2 / D_1 = \frac{2W}{\pi D_1}$$

$$\beta = V_2 / V_1$$

$$V_1 = \frac{4 \times 1000Q}{\pi \rho \left(D_1^2 - D^2\right)}$$

式中，V_2为牵引速度，$mm \cdot min^{-1}$，1min 薄膜产品的长度；V_1为挤出管坯的线速度，$mm \cdot min^{-1}$；Q 为 1min 薄膜产品的重量，$g \cdot min^{-1}$；ρ为熔体密度，$g \cdot cm^{-3}$，LDPE 取 0.91 $g \cdot cm^{-3}$；D_1为口模内径，30mm；D_2为膜管直径；D 为管芯外径，28mm。

④ 测量薄膜的横向及纵向拉伸性能。

⑤ 称重并计算薄膜的产率（$kg \cdot h^{-1}$）。

六、实验注意事项

① 在输入设定温度时，必须确保所输入的数值不超温，避免引起物料性能改变及设备损坏。

② 实际温度未到时，禁止按“启动”键开启螺杆。

③ 料斗内无料时，切勿长时间空机运转，以免损伤料筒。

④ 手动牵引膜管至牵引辊及收卷辊时，注意牵引胶辊是否与主动辊（钢辊）贴合，小心夹手。

七、思考题

① 影响薄膜厚度均匀性的主要因素有哪些？

② 分析薄膜横向及纵向拉伸性能的影响因素。

③ 吹塑法生产薄膜的优缺点有哪些？如何提高吹膜生产效率并降低能耗？

参考文献

[1] 吴智华. 高分子材料加工工程实验教程. 北京：化学工业出版社，2004.
[2] 于丁. 吹塑薄膜. 北京：轻工业出版社，1987.

实验十九　热塑性塑料的真空吸塑成型

一、实验目的

① 掌握真空吸塑成型原理和操作。

② 了解控制制品性能的热成型工艺及方法。

二、实验原理

将热塑性塑料片材加热软化至高弹态，在外力作用下使其弯曲、延伸变形而紧贴于模具型腔表面，取得与模具型腔面相仿的型样，经冷却定型和修整后获得制品的这一加工过程即为热成型。常见的热成型方法主要有真空吸塑热成型、气压热成型、柱塞助压热成型及对模热成型等。通过热成型工艺可制得壁薄、表面积大、形样凹凸多样的半壳形塑料制品。常用的真空吸塑热成型法，其工艺原理如图 3-22 所示。

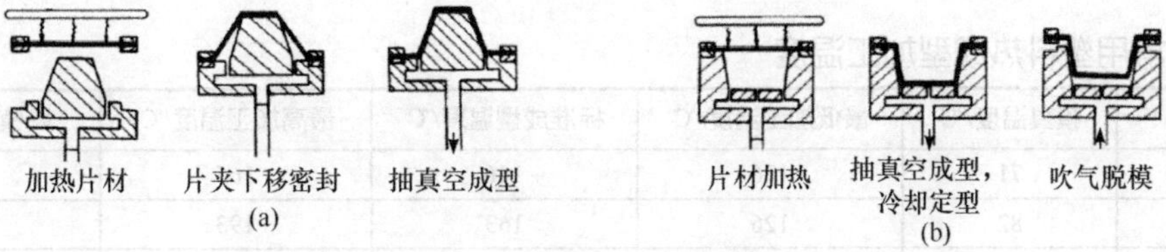

图 3-22 阳模（a）和阴模（b）真空吸塑热成型

在热成型过程中，分子链结构及聚集态结构不同的高分子材料其力学性能随温度而变化的情形各不相同，如图 3-23 所示。通常在成型温度下具有最大断裂伸长率和较低拉伸强度的高分子片材更容易实现热成型。

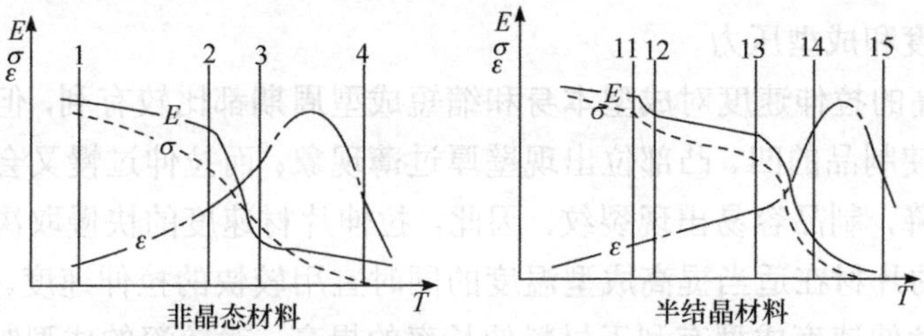

图 3-23 热塑性塑料力学性能与温度关系

1—2 为使用温度区；2—3 为软化区；3—4 为成型温度区；11—12 为非晶态部分软化区；12—13 为使用温度区；13—14 为结晶熔限；14—15 为成型温度区；E、σ 和 ε 分别为模量、强度和热变形率

除材料特性外，影响成型和制品质量工艺的因素还有成型温度、加热技术、成型压力、成型速度以及冷却效果。不同的塑料片材类型、厚度、制品形样有不同的最佳热成型工艺。

（1）热成型温度及加热技术

非晶态材料其热成型温度接近 T_g，晶态材料的热成型温度则更接近其 T_m。成型温度太低，拉伸强度还很高，在真空吸塑压力较小的情况下无法使其充分地伸展，材料容易产生很大应力而翘曲变形。为了减小张力，强化伸长效果，成型温度的选择以稍高于最大伸长率时的温度为宜。例如 PVC 片材，具有最大伸长率的温度是 90℃左右，这时的拉伸强度还很高难以伸展，应再提高成型温度。成型温度较高，可以减少制品的内应力和可逆形变，补偿成型过程中片材周转时的散热，使制品的花纹图案清晰，形状和尺寸稳定。成型温度过高，片材太过柔软难以成型，并发生降解，出现片材变色、制品光洁度不佳、皱折或出现模具伤痕等质量问题。常用塑料的热成型温度如表 3-8 所示。

加热技术影响加热速率、加热温度的准确性以及片材各处温度的均匀性，进而将直接影响成型操作的难易和制品的质量。通常加热片材时间占整个热成型周期时间的 50%～80%。加热方法和时间的选择与塑料的种类、片材厚度及成型制品有关，加热总的要求是快而均匀。采用两面加热、高频加热或远红外线辐射加热有利于较厚片材的均匀加热，缩短加热时间。合适的加热时间可由实验和参考经验数据决定。在热成型过程中，片材从加热结束到开始拉伸变形，因工位转换有间隙时间，片材会散热而降温，特别是较薄的、比热容较小的片材，散热降温现象更加显著，所以片材实际加热温度一般比成型所需的温度稍高一些。近年来，热成型已取得新的进展，例如从挤出片材到热成型的连续生产技术，缩短了加热时间，极大地提高了生产效率。

表 3-8 常用塑料热成型加工温度

塑料	模具温度/℃	最低加工温度/℃	标准成型温度/℃	最高加工温度/℃	脱模温度/℃
HDPE	71	126	146	165	82
ABS	82	126	163	193	93
PMMA	88	149	177	193	93
PS	85	126	146	182	93
PC	129	168	190	204	138
PVC	60	99	135	149	71
PSU	160	199	246	302	182

（2）成型速度和成型压力

一般来说，高的拉伸速度对成型本身和缩短成型周期都比较有利，但快速拉伸常会因为流动的不足而使制品的凹、凸部位出现壁厚过薄现象；而拉伸过慢又会使片材过度降温引起变形能力下降，制品容易出现裂纹。因此，拉伸片材速度的快慢取决于片材的厚度和成型温度，较厚的片材在适当提高成型温度的同时宜用较快的拉伸速度。当成型温度不太高时，用较慢的拉伸速度成型有利于材料伸长率的提高，对较深的成型制品尤其重要。由于成型时片材仍会散热降温，所以薄型片材的拉伸速度一般大于厚型。

对真空吸塑来说，成型压力受最大真空度的限制。若成型温度下单纯的真空吸塑不能满足成型要求时，可以提高温度来降低拉伸强度。但对深度较大的制品不宜采用较高温度成型时，真空压力的不足往往要借助压缩空气或机械力来补充。

三、实验仪器和材料

1. 仪器

真空吸塑成型机、可调夹持片材框架若干、饭盒式单阴模、接触温度计、测厚仪（精度 0.01mm）、直尺、剪刀、手套等。

2. 材料

硬质 PVC 片材、改性 PS 片材、ABS 片材（厚度误差在 ± 5%以内，表面光洁平整，无缺陷）。

四、实验步骤

（1）仪器准备

熟悉真空吸塑机结构及操作使用规程。接通电源，备好机器烘道内远红外加热器，调节好发射板的加热电压。开启真空泵，检查吸塑系统真空度能否达到工艺要求。

（2）料坯准备

检查 PVC 片材有无孔眼等缺陷，分辨且标出纵横方向，用测厚仪测量片材的厚度。按照夹持框架尺寸（模具投影面积+余量）把片材裁剪成一定形样的料坯。把料坯固定在夹持框架上，展平压紧。夹持时在与料坯相接触的框架表面可衬以橡胶或泡沫塑料垫片，以防料坯滑移而影响吸气系统的密闭性。

（3）料坯加热

将装好料坯的框架送至烘道内远红外发射板上，控制料坯与发射板之间的距离，尽可能使其各部位均匀受热，严防局部过热或加热不足（必要时可在发射板中央位置用金属丝网进行局部遮罩以改善受热状况）。当料坯预热一定时间后，可观察到开始出现凹凸起伏膨胀状态，紧接着料坯又逐渐展平张紧，随后变软下垂，此时即为最适宜的成型温度。

（4）吸塑成型

立即将夹持框架连同预热好的料坯转移至吸塑模具上，使热弹态的料坯与模具型腔接触形成一密闭系统，然后迅速开启真空管道阀件对模具进行抽真空，迫使塑料延伸贴紧模具型腔而取得与型腔相仿的型样。

（5）冷却脱模

当真空表指针沿相反方向降至一定程度并开始回升时，关闭管道阀件停止对模具抽真空，待其自然冷却（或对模具通水冷却）几秒，使制品温度降至 T_g 以下，解除真空。打开夹持框架取出成型试样，修边后即得制品。

（6）变动下列材料、工艺和模具因素，重复上述操作过程，观测制品的外观质量及性能变化。①改变料坯厚度；②由低至高改变片材的加热温度；③改变成型模具的深度；④依次降低系统真空度。

五、数据记录和处理

① 记录实验用片材的厚度、吸塑工艺条件及实验现象。

② 吸塑制品性能检测。a. 壁厚偏差测试。将吸塑制品沿中心轴剖开，用测厚仪测量各点的壁厚，画出壁厚分布坐标图。b. 耐热性检测。将吸塑制品放入烘箱内，以 1℃ $\cdot min^{-1}$ 的速度升温至 40℃，停留 60s，观察变形情况，然后逐级间隔 5℃升温，停留受热 60s，观测各级温度时的变形情况。

③ 分析片材厚度及工艺条件变化对制品性能及外观质量的影响。

六、思考题

① 与注射成型比较，热成型工艺及其制品有何特点？

② 确定热成型料坯加热温度的基本原则是什么？

③ 提高热成型制品壁厚均匀性的工艺因素有哪些？

参考文献

[1] 吴智华. 高分子材料加工工程实验教程. 北京：化学工业出版社，2004.
[2] 李泽青. 塑料热成型. 北京：化学工业出版社，2005.

第六节　发泡成型

实验二十　聚乙烯发泡成型

一、实验目的

① 了解采用化学发泡剂和化学交联剂制备聚乙烯泡沫板的工艺原理。

② 掌握控制塑料泡沫密度、泡孔结构和强度的方法。

③ 了解双辊密炼机的结构和操作技术。

二、实验原理

聚乙烯泡沫塑料是以PE树脂为基础，内部具有微孔的塑料材料。它具有质轻、耐腐蚀、隔热、绝缘和缓冲等特性，具有一定的韧性，可进行钉、锯等机械性加工，广泛用于化工、建筑、包装防护及车用材料等领域。PE发泡材料的品种多样化，按发泡倍率可分为高发泡、低发泡和微孔发泡材料，按形状可分为珠粒、片材和异型材发泡材料等，按泡孔形态可分为闭孔和开孔发泡材料。本实验采用化学发泡剂和化学交联剂制备低密度聚乙烯泡沫板。实验过程分为三个阶段：①密炼。在高于LDPE熔融温度，但低于化学交联剂（DCP）和发泡剂的分解温度下，将交联剂、发泡剂及其他加工助剂与聚乙烯放入密炼机中，熔融混合塑炼成团状熔体料。②双辊拉片。在与密炼温度相近的温度下，将团状熔体料经双辊塑炼机制备成未发泡片材。③压制成泡沫片材。将未发泡的片材放置于压膜型腔中，经加热、加压、交联、发泡、冷却定型制备成PE泡沫片材。

在各种PE中，LDPE的加工性能好，其熔体流动速率范围宽，具有良好的柔软性、延伸性，且与HDPE相比更容易渗透气体，是制造PE发泡材料选用较多的基础树脂。LDPE树脂为半结晶聚合物，通常是带有支链的线型结构。发泡过程中，当温度低于晶体的熔融温度时，材料较硬，很难流动，发泡气体不能膨胀。当加热至熔点附近时，大分子间的作用力很小，熔体黏度急剧下降，熔体强度很低，随着温度升高熔体黏弹性进一步降低，化学发泡剂的分解气体或物理发泡剂不易保持在树脂中，发泡条件只能局限在狭窄的温度范围内。发泡后期 PE 的结晶温度较低，熔融 PE 的比热容较小，从熔融态转变成结晶态的冷却时间较长，气体透过率较高，不利于保持气泡的稳定，因此，发泡工艺较难控制。为改善 LDPE 发泡性能的这些不足，需控制树脂的熔体流动速率，并采用共混改性或分子链间化学交联的方法提高 PE 树脂的熔体强度以适应发泡要求。LDPE 交联树脂的熔体黏度及弹性提高，熔体强度增大，可以在比较宽的温度范围内发泡，减小破孔率，提高泡沫的稳定性，制得均匀高发泡倍率的泡沫制品。

LDPE 交联又分化学交联和辐射交联，化学交联通常采用有机过氧化物作为交联剂，过氧化二异丙苯（DCP）使用温度通常高于 100℃，在 PE 的熔融温度范围内具有适宜的活性，是 PE 树脂常用交联剂，其在不同温度下的半衰期如表 3-9 所列。

表 3-9 DCP 在不同温度下的半衰期

温度/℃	101	115	130	145	171	175
半衰期/min	6000	744	108	18	1	0.75

LDPE 的交联过程如下：首先，加热条件下，DCP 分解为异丙苯氧自由基，然后进一步分解为甲基自由基和苯乙酮。

$$C_6H_5—C—(CH_3)_2—O—O—(CH_3)_2—C—C_6H_5 \longrightarrow 2C_6H_5—C—(CH_3)_2—O·$$

$$C_6H_5—C—(CH_3)_2—O· \longrightarrow C_6H_5—\underset{\underset{O}{\|}}{C}—CH_3 +CH_3·$$

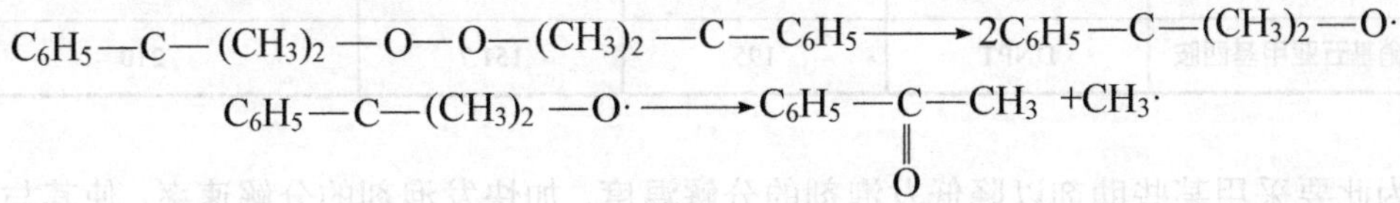

异丙苯氧自由基和甲基自由基夺取 LDPE 分子链上叔碳原子的氢，生成大分子自由基。大分子自由基相互结合形成共价键，最终得到交联聚乙烯。

$$—CH_2—CH_2—CH_2—\underset{\underset{R}{|}}{CH}—+C_6H_5—C(CH_3)_2—O· \longrightarrow$$

$$C_6H_5—C—(CH_3)_2—OH+—CH_2—CH_2—CH_2—\underset{\underset{R}{|}}{C·}$$

$$CH_3·+—CH_2—CH_2—CH_2—\underset{\underset{R}{|}}{CH}— \longrightarrow CH_4+—CH_2—CH_2—CH_2—\underset{\underset{R}{|}}{C·}$$

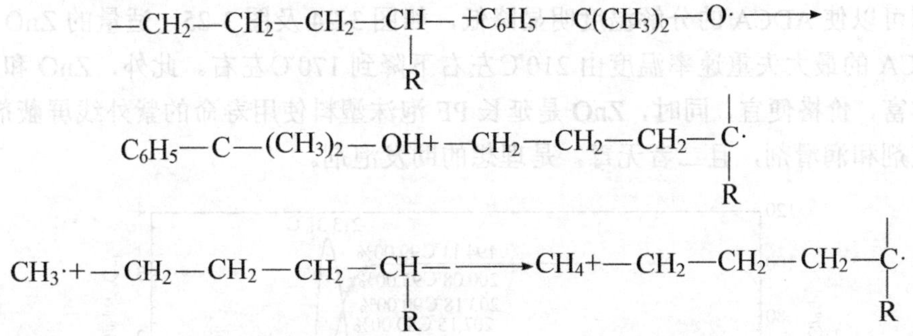

交联聚乙烯的熔体黏度明显提高，在 PE 熔点以上较宽的温度范围内，随温度升高其黏度下降缓慢，从而在比较宽的温度范围内获得适合发泡的黏度条件，提高泡沫的稳定性。因此，化学交联是生产聚乙烯泡沫材料的有效方法。

由于使用 DCP 作交联剂时制成品有一种十分难闻的臭味，因此，也可以用双叔丁基过氧化二异丙基苯（BIPB）代替 DCP。BIPB 熔点 45～55℃，1min 半衰期温度为 182℃，在交联过程中及制成品中都几乎没有气味或者气味很小，更为环境友好，但是其价格高出 DCP 太多。

化学发泡剂分为无机的和有机的两类。碳酸氢钠、碳酸氢铵和碳酸铵是较常见的无机发泡剂。常用的有机发泡剂，如偶氮二甲酰胺（ADCA，即发泡剂 AC）、偶氮二异丁腈（AIBN），苯磺酰肼（BSH）、对甲苯磺酰肼（TSH）等，常用的聚乙烯发泡剂如表 3-10 所列。由于 ADCA 的发气量大，达 220mL · g^{-1}，无毒无味，无污染，且其分解的残渣对制品性能没有太大影响，因此 ADCA 是聚乙烯最常用的发泡剂，也可用于 PS、PVC 及 ABS 的发泡。ADCA 受热分解是一个复杂的反应过程，生成的气体物质有 N_2（65%）、CO（32%）、CO_2（约 2%）及少量的 NH_3 等。此外，分解过程形成的固体物质有脲、联二脲、脲唑及三聚氰胺等，这些物质容易在模具中结垢，连续发泡过程中应设法除去。ADCA 用量的多少，决定发气量，进而直接影响制品的密度。

单纯 ADCA 的分解温度在 210 ℃左右，而 PE 的熔点在 105～125℃之间。在 ADCA 分解温度下，交联 PE 的熔体黏度及黏弹性明显降低，发泡气体易逃逸，不易保持，给发泡工艺造成新的困难。

表 3-10 聚乙烯常用的化学发泡剂

化学名称	商品名称	分解温度/℃		（标准状态）发气量/mL · g^{-1}
		空气中	PE 中	
偶氮二甲酰胺	AC，ABFA	195～220	155-220	220
4, 4′-氧代双苯磺酰肼	OBSH	150	151.7	130
二亚硝基五亚甲基四胺	DNPT	195	151.7	210

为此要采用某些助剂以降低发泡剂的分解温度，加快发泡剂的分解速率，使其与熔融 PE 的黏度相适应，这类助剂称为助发泡剂或发泡促进剂。ADCA 的发泡促进剂有铅、锌、镉及钙的化合物，有机酸盐以及脲等。实验证明，ZnO 和 $ZnSt_2$ 是 ADCA 的发泡促进剂，两者协同可以使 ADCA 的分解温度明显降低，如图 3-24 及图 3-25，适量的 ZnO 和 $ZnSt_2$ 使得 ADCA 的最大失重速率温度由 210℃左右下降到 170℃左右。此外，ZnO 和 $ZnSt_2$ 二者来源丰富，价格便宜，同时，ZnO 是延长 PE 泡沫塑料使用寿命的紫外线屏蔽剂，$ZnSt_2$ 是热稳定剂和润滑剂，且二者无毒，是理想的助发泡剂。

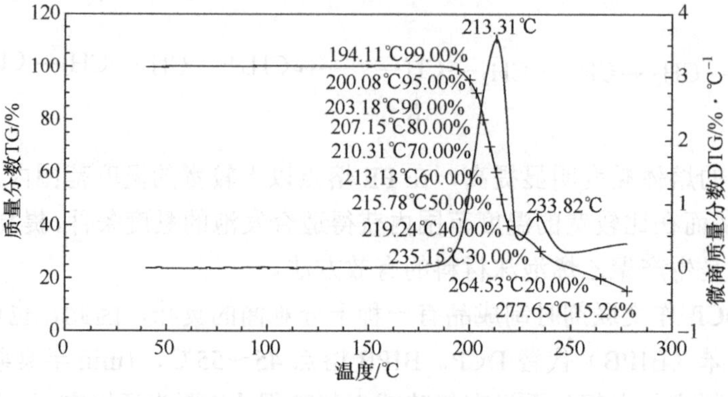

图 3-24 ADCA 的热失重曲线

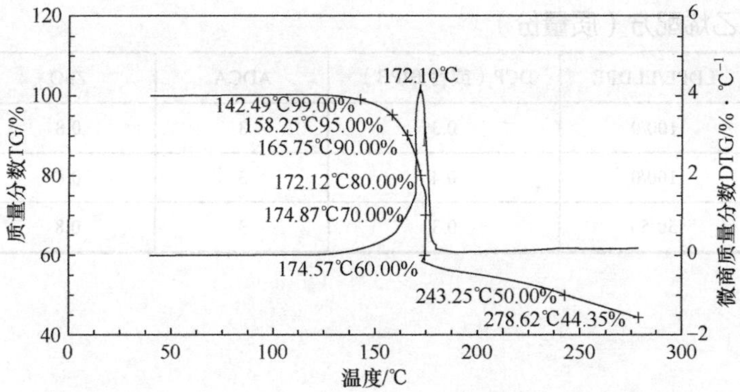

图 3-25 ADCA、ZnO 及 $ZnSt_2$ 混合粉末的热失重曲线

化学发泡时将发泡剂以及助发泡剂均匀混入聚乙烯中，加热使发泡剂分解释放出大量气体及热量。气体与熔融聚乙烯混合，在模压发泡成型设备的压力下保证其在聚乙烯熔体中溶胀扩散一段时间，释放的热能使发泡剂粒子形成局部热点即泡核，其温度较周围聚乙烯熔体的温度更高，致使局部黏度较周围熔体下降，表面张力减小，溶解的气体可以在此发泡膨胀。熔体内的气体向泡核渗透扩散，直至气体压力与泡核壁的应力达到平衡状态。发泡剂分解完后，当模压机在极短时间内开模泄压时，气体的压力与泡核壁应力的平衡被破坏，发泡材料急剧胀大，随着熔体温度降低，最终成为具有均匀稳定泡孔结构，泡孔尺寸和密度可控的模压 PE 发泡材料。

三、实验仪器和材料

1. 仪器

密炼机：SY-6212-A-XSM-0.3L 实验室密炼机一台，如图 3-26 所示。

压片机：SY-6210-C 手动压片机一台。

发泡模具：型腔尺寸 150mm×150mm×2mm（或 3mm、4mm）（长×宽×深），多套。

整形模具：板面尺寸 250mm×250mm（长×宽），多套。

其他：测厚仪或游标卡尺多套、电子天平一台（0.001g）、剪刀、手套、研钵、铜刮铲、铜刷。

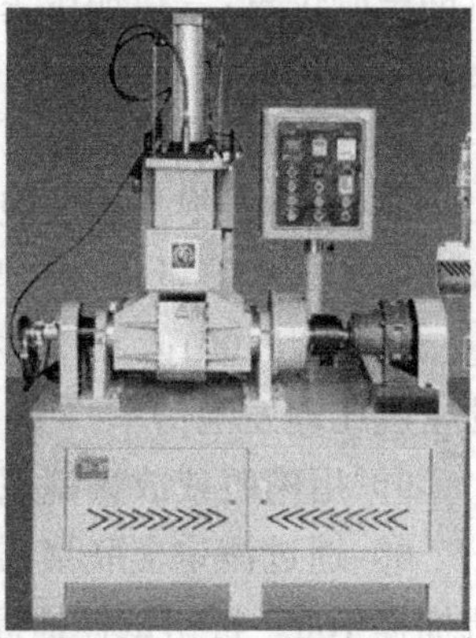

图 3-26 实验室密炼机

2. 材料

LDPE 粒料、LLDPE 粒料、HDPE 粒料、AC 发泡剂、DCP、ZnO、$ZnSt_2$。

发泡聚乙烯的配方见表 3-11。在实验中，学生可以使用各种聚乙烯的共混材料，或者加入适量碳酸钙填料等进行发泡尝试。

表 3-11 发泡聚乙烯配方（质量份）

编号	LDPE/LLDPE	DCP（或者 BIPB）	ADCA	ZnO	$ZnSt_2$
配方 1	100/0	0.3	3	0.8	1.2
配方 2	100/0	0.4	3	0.8	1.2
配方 3	50/50	0.3	3	0.8	1.2

四、实验步骤

① 按照密炼机的使用说明书或操作规程了解密炼机的结构、工作原理和安全操作等。

② 开启仪器，利用加热、控温装置，将密炼机、双辊混炼机、压片机及发泡模具的温度分别恒温到 130℃、100～120℃、150～180℃、150～180℃。

③ 按照表 3-11 的配方 1，计算聚乙烯质量为 250g 时加入其他助剂的质量，用天平称取原材料，将交联剂、发泡剂及发泡助剂在研钵中研磨混合均匀。

④ 启动密炼机的主机，调节转子速率 10～15r · min^{-1}，将聚乙烯加到料腔中，放下上顶栓，关闭加料口。等待聚乙烯熔融后，将上顶栓升起，转速调慢，均匀地加入交联剂、发泡剂及发泡助剂的混合粉末。加料完毕，关闭加料口，调节转子速率 30r · min^{-1}，密炼 10～15min 后，将转子速率调为零，停止主机。

⑤ 将上顶栓升起，翻转料腔，出料，趁热压成小扁平片坯。

⑥ 按照 150mm×150mm×2mm 模具型腔容积，计算所需片坯质量，将称量好的片坯均匀放置在 150mm×150mm×2mm 模具型腔内，于 120℃、10MPa 下压制成平整的待发泡片坯。

⑦ 重复③～⑥的操作，依次完成其他配方片坯的制备，并写上编号。

⑧ 将片坯放入已恒温的 150mm×150mm×2mm（或 3mm、4mm）模具中，置于压片机的中心位置，合模加压至 10～15MPa，于 150℃硫化 10min，再于 160～170℃发泡 10min，得到聚乙烯泡沫片。

⑨ 将密炼机温度降至 110℃左右，清理密炼机。

⑩ 在待发泡片坯及泡沫片上不同位置分别剪取 5 块 10mm×10mm 的正方块，用测厚仪或游标卡尺测量各边的厚度，取平均值，计算泡沫片体积。用电子天平称量泡沫片的质量，精确到 0.001g，计算材料的表观密度，评价发泡的均匀性。计算发泡试样在发泡前后的密度比即发泡倍率。

⑪ 用肉眼或放大镜观察泡沫片表面及切断面气泡结构及外观状况。

⑫ 通过测定交联聚乙烯的凝胶含量确定交联度。用二甲苯溶剂浸没待测试样，并回流抽提 16h。根据试样抽提后的剩余质量与原始质量之比即可确定交联度。

五、数据记录和处理

① 记录实验配方及工艺参数。

② 观察泡沫材料的泡孔结构及外观。

③ 计算泡沫材料的发泡倍率及平均值。

六、实验注意事项

密炼机翻转出料的过程中及取料时，注意停止转子的转动，避免将金属刮铲等卷入辊间。出料时戴手套操作，避免烫伤。

七、思考题

① 从聚乙烯密度、发泡塑料密度、发泡剂的理论发气量计算发泡剂的理论用量（%），比较并说明理论用量与实验用量存在差别的原因是什么？

② 分析影响聚乙烯泡沫塑料泡孔结构和性能的因素。

参考文献

[1] 张玉龙，张子钦. 泡沫塑料制品配方设计与加工实例. 北京：国防工业出版社，2006.
[2] 吴智华. 高分子材料加工工程实验教程. 北京：化学工业出版社，2004.

实验二十一 聚氨酯发泡成型

一、实验目的

① 熟悉聚氨酯泡沫塑料的基本配方及合成原理。

② 掌握聚氨酯泡沫塑料的成型方法以及控制泡沫材料性能的工艺。

二、实验原理

聚氨酯泡沫塑料是由含有羟基的聚醚树脂或聚酯树脂、异氰酸酯单体、催化剂、水及其他助剂共同反应生成的。含羟基的聚醚树脂或聚酯树脂与异氰酸酯反应形成具有一定交联密度的聚氨酯主体，异氰酸酯与水反应生成的二氧化碳起发泡作用，也可添加低沸点氟碳化合物作为发泡剂。按所用原料不同分为聚醚型聚氨酯泡沫塑料和聚酯型聚氨酯泡沫塑料，前者耐水解性、电绝缘性及手感等优良，但力学性能、耐温性和耐油性稍差。按制品的性能不同可以分为软质、半硬质、硬质泡沫塑料。聚氨酯泡沫塑料制品的柔软性可通过聚酯或聚醚的官能团数和分子量来调节，即控制聚合物分子中支链密度。用于制造软质泡沫塑料的聚酯或聚醚为线型或略带支链的结构，分子量为 2000～4000，羟基官能度小于 2～3，羟值[指 1g 样品中的羟基所相当的氢氧化钾（KOH）的质量（毫克）]比较低（40～60mgKOH · g^{-1}）；制造硬质泡沫塑料的聚酯或聚醚为支化结构，分子量约为 270～1200，羟基官能度在 3～8 之间，羟值比较高（350～650mgKOH · g^{-1}）。通常，聚酯或聚醚的羟基官能度大，羟值高，则制得的泡沫塑料硬度大，物理力学性能较好，耐温性佳，但与异氰酸酯等其他组分的互溶性差，为发泡工艺带来一定困难。

聚氨酯泡沫塑料在形成过程中，始终伴有复杂的化学反应，主要有以下过程：

① 链增长反应。二异氰酸酯与端羟基聚醚或聚酯生成聚氨酯的反应。

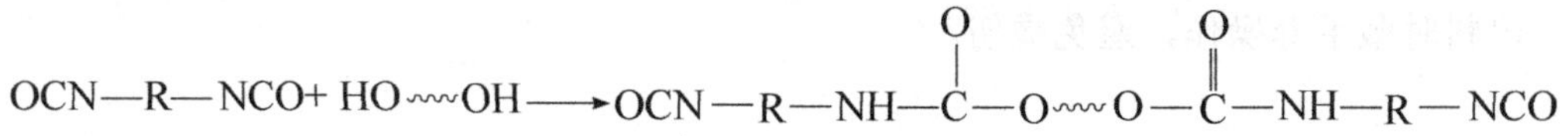

② 气泡的形成与扩链。异氰酸酯基与水反应生成不稳定的氨基甲酸，进一步分解成端氨基化合物与二氧化碳，释放出的二氧化碳气体在聚合物中形成气泡，端氨基化合物可与异氰酸酯基进一步发生扩链反应，得到含脲基的聚合物。

$$\sim\!\sim NCO + H_2O \longrightarrow \sim\!\sim NHCOOH \longrightarrow \sim\!\sim NH_2 + CO_2$$

$$\sim\!\sim NCO + \sim\!\sim NH_2 \longrightarrow \sim\!\sim NH—CO—NH \sim\!\sim$$

③ 支化和交联。氨基甲酸酯基中氮原子上的氢与异氰酸酯基反应，形成脲基甲酸酯。同时，脲基中氮原子上的氢与异氰酸酯基反应生成缩二脲，都可使线型分子转化为支化和交联结构。

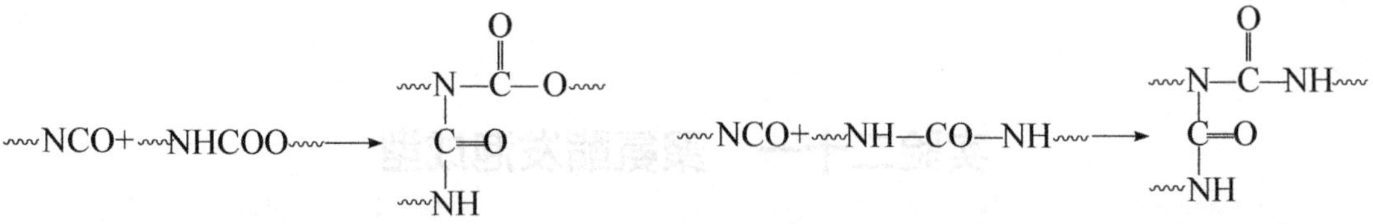

软质聚氨酯泡沫塑料的生产有三种工艺，预聚体法、半预聚体法和一步法。预聚体法即把配料中全部聚酯（或聚醚）和异氰酸酯反应生成预聚体，然后加入催化剂等与水反应发泡并交联固化。半预聚体法即先将异氰酸酯与部分聚酯（或聚醚）反应生成预聚体，发泡时再把预聚体和聚酯（或聚醚）、发泡剂及催化剂等混合反应获得泡沫塑料。一步法即把聚醚（或聚酯）、二异氰酸酯、水、催化剂、稳定剂等原料一步加入反应获得泡沫塑料。

聚氨酯泡沫塑料制备过程中气体发生和交联反应在短时间内几乎同时进行。要制得泡沫孔径均匀、具有较高分子量及交联密度、性能优异的泡沫制品，必须使发泡反应完成时泡沫网络的强度足以使气泡稳定地包裹在内，必须采用复合催化剂并控制合适的条件，使三种反应得到较好的协调。聚氨酯生产中最常用的催化剂是叔胺类化合物和有机锡化合物，如三乙烯二胺、三乙胺、*N*, *N*-二甲基环己胺，二月桂酸二丁基锡等。叔胺类化合物对异氰酸酯与醇基及水的两种化学反应都有催化能力，而有机锡化合物仅催化异氰酸酯与醇基的反应，因此常将两类催化剂混合使用以达到协同效果。

聚氨酯泡沫塑料生成二氧化碳发泡剂时，会放出大量反应热，使气泡因温度升高、内压增加而发生破裂，同时过多地消耗昂贵的异氰酸酯，反应形成的聚脲结构易使泡沫塑料发脆。为了得到均匀的泡孔，移去反应热以避免泡沫芯部因高温而产生“烧焦”，在软质泡沫塑料生产中也可适当掺入低沸点氯氟烃类化合物，如三氯氟甲烷作为发泡剂。同时，加入少量的表面活性剂如水溶性硅油、磺化脂肪醇等，可以降低发泡液体的表面张力使成泡容易且泡沫均匀。

为了提高聚氨酯泡沫塑料的质量可以加入某些特殊的助剂。添加抗氧剂可以提高制品的耐温性及耐老化性；添加含卤、含磷有机衍生物可提高制品阻燃性；添加增塑剂可以提高制品柔软性；添加铝粉、无机填料等可以提高制品机械强度，降低收缩率。

三、实验仪器和材料

1. 仪器

电动搅拌器、塑料或硬纸板模具、天平、烘箱、烧杯、玻璃棒。

2. 材料

甲苯二异氰酸酯 TDI、三羟基聚醚（分子量为 2000～4000）、三乙烯二胺、二月桂酸二丁基锡、水溶性硅油。

四、实验步骤

① 模具准备。在模腔内放纸张，以利于泡沫塑料脱模。

② 称量原料。三羟基聚醚 100 份；甲苯二异氰酸酯 35～40 份；三乙烯二胺 1.0 份；二月桂酸二丁基锡 0.1 份；蒸馏水 2～3 份；水溶性硅油 0.7～1.2 份。

③ 均匀混合及注模。首先在烧杯中将 10 份三羟基聚醚、三乙烯二胺及蒸馏水用玻璃棒搅拌均匀；然后将剩余三羟基聚醚及二月桂酸二丁基锡和硅油加入，继续搅拌均匀；最后，将 TDI 加进该烧杯中（TDI 不要接触皮肤），立即开动电动搅拌器，迅速搅拌 30s 左右至均匀，将搅拌均匀的混合物快速倒入开口模具中。

④ 发泡及熟化。待模具中的泡沫形成，并发泡稳定后，将模具放入 60～80℃的烘箱加热熟化，使反应完全，用手接触制品表面不发黏即可。也可在常温下停放稍长时间（约 24h），让其低温熟化。

⑤ 改变蒸馏水的用量按上述步骤重复上述过程。切割制品，观察聚氨酯泡沫塑料发泡情况，测试制品表观密度。

五、数据记录和处理

① 记录聚氨酯泡沫塑料成型的工艺条件、搅拌形式、搅拌器转速、搅拌时间、制品尺寸、发泡时间、熟化时间和温度等。

② 切割规整外形的发泡制品 5 份，测量制品体积，称量制品质量，计算制品表观密度。

六、思考题

① 讨论制品表观密度及发泡均匀性与配方及工艺条件的关系。

② 参考有关文献设计一个硬质聚氨酯泡沫的配方，说明其制备原理。

参考文献

[1] 刘丽丽. 高分子材料与工程实验教程. 北京：北京大学出版社，2012.
[2] 张玉龙，李萍. 塑料配方与制备手册. 北京：化学工业出版社，2017.

第七节　3D 打印成型

实验二十二　熔融沉积 3D 打印成型

一、实验目的

① 掌握高分子材料熔融沉积 3D 打印技术和方法。

② 了解 3D 打印发展史及工艺。

③ 了解常用熔融沉积 3D 打印材料及产品性能特点。

二、实验原理

3D 打印属于快速成型技术（RP），也称增材制造，是 20 世纪 90 年代发展起来的一种基于材料添加法的先进制造技术，RP 也被认为是第三次工业革命的核心技术之一。与传统塑料加工工艺不同，3D 打印以 ABS 和 PLA 等高分子树脂、光敏树脂、冶金粉末、陶瓷粉末、钛合金及细胞组织等为原材料，通过计算机辅助获得 CAD 3D 模型数据、物体三维扫描数据、CT 或 MRI 数据，利用激光束逐层固化，或者热熔喷嘴将材料进行逐层堆积黏结，最终叠加成型，可以快速地将设计意图变成复杂的 3D 实物产品，实现“无模制造”。但由于其成型时间长，耗材特殊，成本较高，目前 3D 打印多用于制作结构复杂精细的各种模型及个性化定制品。

3D 打印成型技术主要有以下几类：

① 熔融沉积成型（fused deposition modeling，FDM）。FDM 工艺的材料一般是热塑性材料，如 PP、ABS、PLA、尼龙等，以丝状供料。熔融沉积成型原理如图 3-27 所示。材料在喷头内被加热熔化成液态，通过可在 *X-Y* 方向上移动的喷嘴喷出，喷头沿零件截面轮廓和填充轨迹将熔化的材料喷涂在工作台上，快速冷却后形成一层截面。随后，机器工作台下降一个高度（即分层厚度），喷嘴接着在上一层的基础上进行喷涂形成新的一层，上一层对当前层起到定位和支撑的作用，逐层喷涂直到得到整个三维实体造型。熔融沉积成型材料种类多、产品结构精细、成型件强度高，主要适用于成型小塑料件。

② 立体光固化成型（stereo lithography appearance，SLA）。SLA 是最早出现的快速成型工艺，也是技术上最为成熟的方法，其成型工艺如图 3-28 所示。光固化成型的主要材料是光敏树脂。在一定波长和强度的紫外激光照射下，液态光敏树脂能迅速发生光聚合反应，分子量急剧增大，材料也从液态转变成固态。3D 打印时，经计算机控制激光，按零件的各分层截面信息在液态的光敏树脂表面进行逐点扫描，被扫描区域的树脂薄层发生光聚合反应而固化，形成零件的一个薄层。一层固化完成后，工作台向上移一个层厚的距离，然后在原先固化好的树脂表面再铺上一层新的液态光敏树脂，直到形成三维实体模型。该

方法自动化程度高、成型速度快、可成型任意复杂形状，一般层厚在 0.1～0.15mm，成型的零件尺寸精度高，主要应用于高精度复杂的精细工件成型。

③ 选择性激光烧结（selective laser sintering，SLS）。选择性激光烧结的主要材料为粉末材料，其成型工艺如图 3-29 所示。预先在工作台上喷涂一层粉末材料（金属粉末或非金属粉末），在计算机控制下，红外激光按照界面轮廓信息对实心部分粉末进行烧结，然后不断循环，层层堆积成型。该方法材料选择范围广、制造工艺简单、成型速度快、成本较低，主要应用于铸造业直接制作快速模具。

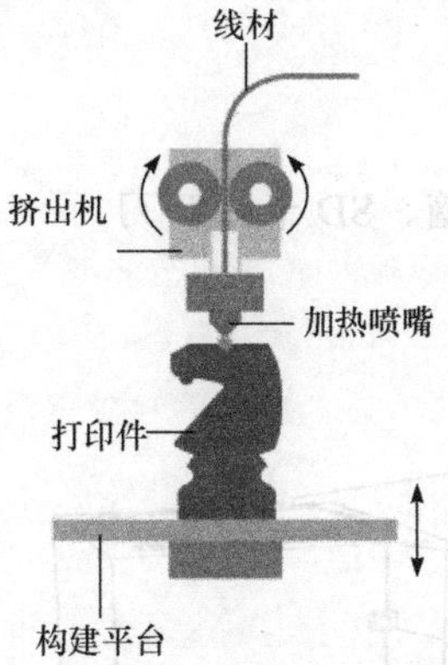

图 3-27　熔融沉积成型

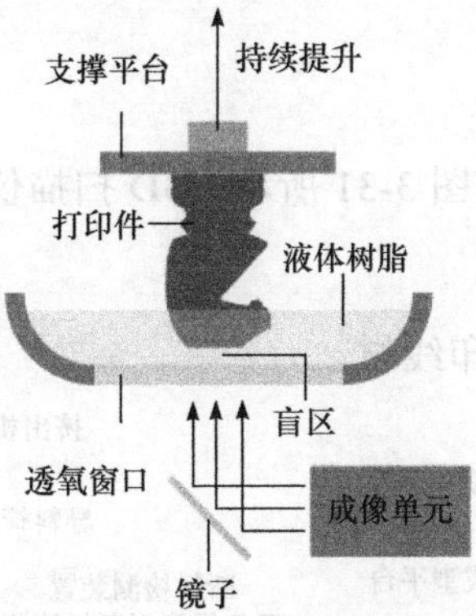

图 3-28　立体光固化成型

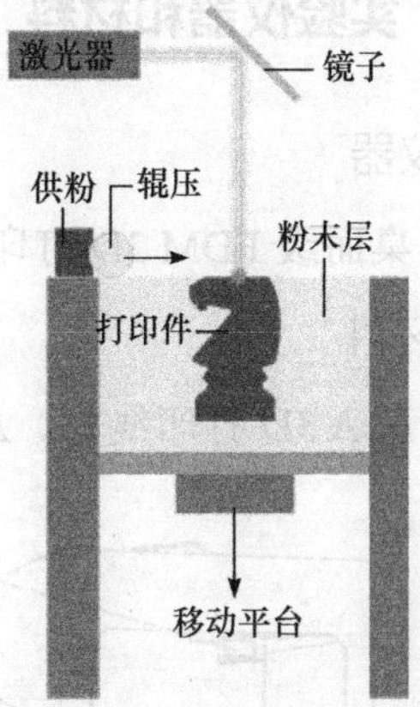

图 3-29　选择性激光烧结

④ 数字激光成型（digital light processing，DLP）。它是 SLA 的变种形式，在加工产品时，利用高分辨率数字光处理器，将产品截面图形投影到液体光敏树脂表面，使照射的树脂逐层进行光固化。SLA 成型主要是点到线、线到面逐渐成型的过程，而 DLP 3D 打印由于每层固化是幻灯片似的片状固化，速度比同类型的 SLA 更快。

⑤ 液晶显示打印技术（liquid crystal display，LCD）。LCD 打印技术是 3D 打印技术中的新型技术，和 DLP 一样使用紫外线照射固化树脂作为成型方式。LCD 3D 打印技术是利用液晶屏（LCD）成像原理，在计算机及显示屏电路的驱动下，由计算机程序提供图像信号，在液晶屏幕上出现选择性的透明区域，紫外线透过透明区域，照射树脂槽内的光敏树脂进行逐层曝光固化，最终形成立体产品。LCD 打印机价格相比 DLP 打印机低很多，且维护简单。

熔融沉积 3D 打印常用的热塑性聚合物材料有丙烯腈-丁二烯-苯乙烯共聚物（ABS）、聚乳酸（PLA）、尼龙（PA）、聚碳酸酯（PC）、聚苯乙烯（PS）、聚己内酯（PCL）、聚苯砜（PPSF）、热塑性聚氨酯（TPU）、聚醚醚酮（PEEK）等。本实验以 PLA 等树脂为原料，采用 3D 打印配套切片软件，将 STL 格式模型文件编辑成 3D 打印机可以识别的文件，然后进行 3D 打印成型。学生也可以通过 3D 扫描仪扫描实物采集数据，或者使用 AutoCAD 等软件建模生成 STL 格式文件，再经分层处理，设定不同的熔融纤维堆积方向和形式，最后打印成型。熔融沉积 3D 打印流程如图 3-30 所示。

熔融沉积打印时，不仅材料本身性能会影响产品的质量，由于属于一层层堆积成型，故打印参数，即打印头内径、打印温度、压力、打印速率、纤维间隔、内层纤维堆积模式等都将影响最终产品性能。

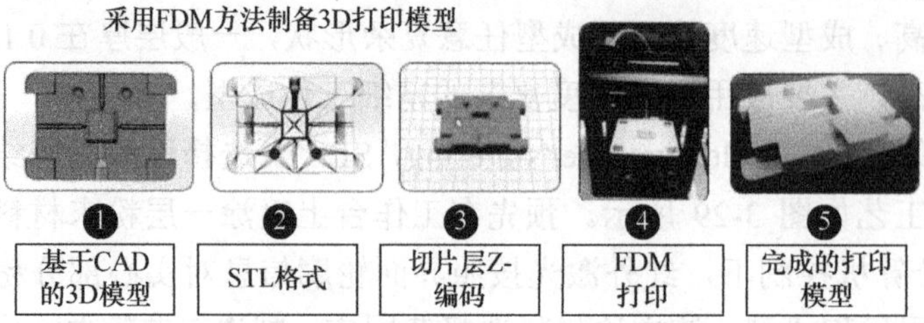

图 3-30　熔融沉积 3D 打印流程

三、实验仪器和材料

1. 仪器

桌面级 FDM 3D 打印机，如图 3-31 所示，3D 扫描仪、电脑、SD 卡、铲刀。

2. 材料

PLA 3D 打印线材、ABS 打印线材。

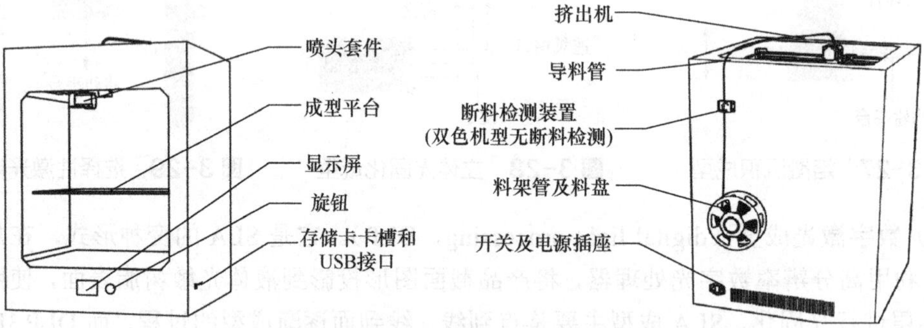

图 3-31　桌面级 FDM 3D 打印机结构

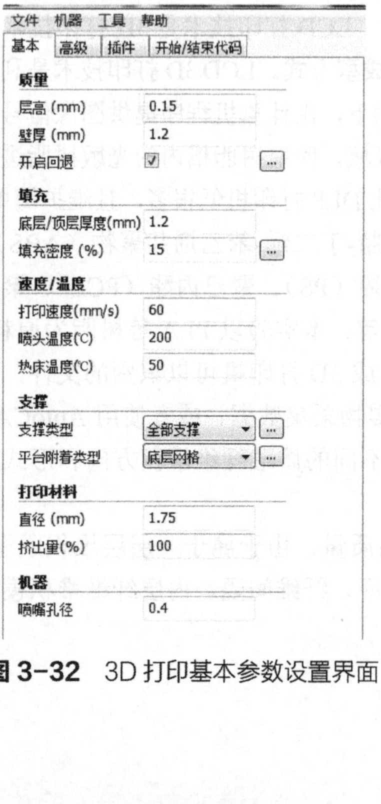

图 3-32　3D 打印基本参数设置界面

四、实验步骤

① 打印文件准备，模型切片。采用 3D 扫描仪扫描实物，将其 3D 模型软件输出成.STL 格式保存。打开 3D 打印机配套切片软件，将准备打印的.STL 格式模型文件载入，设置打印基本参数，如图 3-32 所示。通常层高设为 0.1～0.2mm，壁厚 0.8mm 或 1.2mm，打印速度为 30～80mm/s。对于 PLA 打印线材，其喷头温度设为 200℃，热床温度为 50～60℃。保存 gcode 格式文件到 SD 存储卡，将存储卡插入 3D 打印机。

② 调平平台。开启 3D 打印机电源，点击信息界面的“准备—回原点”。通过“移动轴”可以使喷嘴移动到合适位置（也可关闭步进电机，手动移动喷嘴），利用调平螺丝调节打印平台，使其与喷嘴处于刚好贴合状态，间距约为 0.05mm。可以利用一张 A4 纸辅助调平，使喷嘴刚好能在 A4 纸上产生划痕。

依次完成四个边角上调平螺丝的调节。

③ 预热喷嘴及成型平台。设置打印喷嘴温度、热床温度，预热。通常线材的打印温度设置为：PLA 温度 200℃，平台温度 50℃；ABS 温度 220～240℃，平台温度 70℃；PC 温度 300℃，平台温度 100℃；高抗冲聚苯乙烯（HIPS）温度 240℃，平台温度 70℃。

④ 送料。按住挤出弹簧，从挤出机进料小孔插入线材直至喷嘴位置，若看到喷嘴处有熔融料流出即表示该线材已经装载完成。双色打印机第二挤出机在装料时，将线材送至喷嘴模组上方，距离喷嘴一指宽即可，否则将有可能导致打印机故障。

⑤ 选定 SD 卡中的待打印文件，开始打印。

⑥ 打印完毕，用铲刀小心将产品从平台脱开，剥去支撑物，打磨修饰产品。

五、数据记录和处理

① 记录打印参数。

② 观察打印产品外观、表面性状等，测量产品尺寸。

六、思考题

① 常用 3D 打印原材料有哪些？不同材料，如何设置其 3D 打印温度参数？

② 3D 打印时，熔融纤维的沉积堆叠方式对 3D 打印产品的性能有何影响？

③ 分析塑料 3D 打印成型和传统注射成型的优缺点。

参考文献

[1] Ryan L Truby, Jennifer A Lewis. Printing soft matter in three dimensions. Nature, 2016, 540: 371-378.

[2] Arnaldo D Valino, John Ryan C Dizon, Alejandro H Espera Jr, et al. Advances in 3D printing of thermoplastic polymer composites and nanocomposites. Progress in Polymer Science, 2019, 98:101162.

[3] Ting Guo, Timothy R Holzberg, Casey G Lim. 3D printing PLGA: aquantitative examination of the effects of polymer composition and printing parameters on print resolution. Biofabrication, 2017, 9(2): 024101.

实验二十三 光固化 3D 打印成型

一、实验目的

① 了解自由基光固化体系、阳离子光固化体系和混杂光固化体系的特点。

② 掌握光固化 3D 打印机的工作原理及打印方法。

二、实验原理

光固化是指单体、低聚体或聚合体基质在光诱导下的固化过程。固化过程中，体系中的光引发剂通过光化学反应产生活性中心，从而引发体系中的液态单体或不饱和树脂进行聚合及交联固化。根据引发机理的不同可将光固化体系分为 3 大类：自由基体系、阳离子体系和自由基阳离子混杂体系。

自由基光固化体系具有固化速度快、性能易调节、引发剂种类多等优点，但存在聚合体积收缩大、精度低、氧阻聚严重、附着力差等问题。阳离子光固化体系发展较晚，它具有氧阻聚小、厚膜固化好、固化膜体积收缩小、附着力强、耐磨、硬度高等优点，但固化速度慢、预聚物和活性稀释剂种类少、价格高、固化产物性能不易调节。自由基阳离子混杂光固化体系由于同时发生自由基光固化反应和阳离子光固化反应，因此兼顾了两种引发体系的优点。此外，在混杂光固化体系中，由于同时进行两种不同的聚合反应，有可能得到具有互穿网络结构的产物，从而使固化膜具备较好的综合性能。

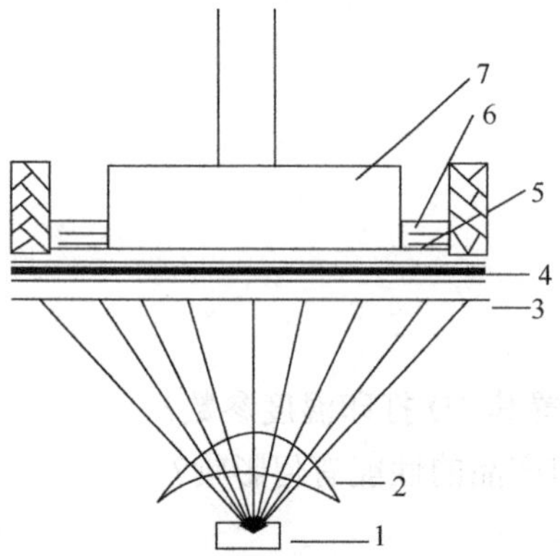

图 3-33 光固化 LCD-3D 打印机
1—光源；2—聚焦透镜；3—菲涅尔透镜；4—液晶屏；5—储液槽底膜；6—光敏树脂；7—固化成型平台

光固化成型，又称光敏液相固化法。光固化 3D 打印时，通常可以使用 CAD 软件设计三维实体模型，利用聚焦后的激光光束，通过数控装置控制的扫描器，按设计的扫描路径照射到液态光敏树脂表面，使表面特定区域内的一层树脂固化，当一层加工完毕后，就生成零件的一个截面。把 3D 打印机的升降台移动一定距离，使其固化层上覆盖另一层液态树脂，然后进行第二层扫描，则第二固化层牢固地粘在前一固化层上，通过这样的逐层固化，直至形成三维产品原型。将原型从树脂中取出后，进行最终固化，再经抛光、电镀、喷漆或着色处理即得到要求的产品。常见的光固化 3D 打印有 SLA、DLP 和 LCD 技术，见实验二十二。其中 LCD 3D 打印工作原理如图 3-33 所示。

光固化 3D 打印用聚合物材料主要包括光敏树脂、热塑性塑料及水凝胶等。光敏树脂是最早应用于 3D 打印的材料之一，主要成分是能发生聚合反应的小分子预聚体或单体，其中添加有光引发剂、阻聚剂、流平剂和各种添加剂等助剂，能够在特定的光照（一般为紫外线）下发生聚合反应实现固化。光敏树脂作为光刻胶、光固化涂料、光固化油墨等已经在电子制造、全息影像、胶黏剂、印刷、医疗等领域得到广泛应用。应用于 3D 打印的光敏树脂固化厚度一般大于 25μm，明显大于传统涂料的涂布厚度（一般<20μm），其在配方组成上与传统的光固化涂料、油墨等有所区别。

3D 打印用光敏树脂较常采用的是自由基聚合的丙烯酸酯体系和阳离子型环氧树脂。商业化的丙烯酸酯有多种类型，需要根据不同的需求对配方进行调整。总体而言，3D 打印用的光敏树脂有以下几点要求：①固化前性能稳定，一般要求在可见光照射下不发生固化；②反应速度快；③黏度适中，以匹配光固化成型装备的再涂层要求；④固化收缩小，以减少成型时的形变及内应力；⑤固化后具有足够的机械强度和化学稳定性；⑥毒性及刺激性小，以减少对环境及人体的伤害。例如表 3-12 所列的 3D 打印光敏树脂参考配方。自由基或阳离子光引发剂的种类、质量配比和加入量等对光固化树脂固化动力学及其力学性能与成型精度都有影响。

表 3-12　3D 打印光敏树脂参考配方（质量份）

原材料	1 号配方	2 号配方	3 号配方
双酚 A 环氧丙烯酸酯（621A-80）	75		50
二缩三乙二醇二丙烯酸酯（EM223）	25		16
双酚 A 型环氧树脂（E-44）		80	28
正丁基缩水甘油（501A-1）		20	6
4, 4′-二异丁基二苯基六氟磷酸碘鎓盐（P1-250）		2	2
2, 4, 6-三甲基苯甲酰基-二苯基氧化磷（PI-TPO）	2		2

三、实验仪器和材料

1. 仪器

Form 桌面光固化 3D 打印机，如图 3-34 所示。刮刀、细砂纸、烘箱、电吹风、紫外线灯。

2. 材料

无水乙醇、商品 3D 打印光敏树脂耗材。

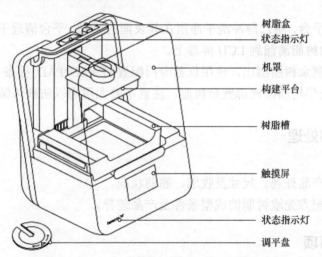

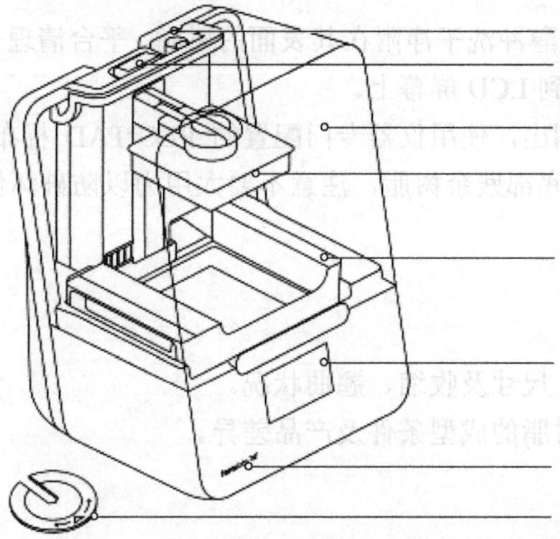

图 3-34　Form 桌面光固化 3D 打印机结构

四、实验步骤

① 接通打印机电源。

② 打印前的数字模型准备。使用 Preform 切片软件处理 STL 或 OBJ 文件的模型数据，加支撑，并通过 USB、Wi-Fi 或以太网导出符合打印格式的打印模型 FORM 文件至打印机。

③ 调平打印机。根据触摸屏的提示，使用调平盘调整支脚直至触摸屏显示打印机已调平。

④ 插入树脂槽和混合器。注意避免指纹或液态树脂污染树脂槽底部。若打印前树脂槽已经装有液态树脂，则检查料槽有无杂质。

⑤ 插入并固定构建平台。

⑥ 合上打印机机罩，插入树脂盒。在每次打印之前，摇动树脂盒，确保树脂混合均匀。在储存期，大约每两周摇动一次树脂盒，保持盒内树脂混合均匀，以获得最佳打印质量。打开树脂盒上通气帽，以确保树脂可以正常流入树脂槽。

对于首次使用的光敏树脂，先了解其参数范围，然后尝试去测试打印的效果，相对应地修改适合模型打印的参数。例如，确定曝光时间是否符合耗材的规定范围，防止打印时间过曝发生模型膨胀，或者时间太少导致不成型。

⑦ 在触摸屏上选择作业，然后按照提示进行操作，启动打印。打印机开始向树脂槽中注入树脂，并在打印过程中始终保持树脂槽中树脂的液位水平。当液位传感器检测到液面达到适宜的高度时，将自动开始打印。

⑧ 若要停止正在进行的打印，请选择暂停，然后中止打印。

⑨ 清洗并后固化。打印完成后，取出构建平台，用刮刀轻轻将产品刮下，用无水乙醇浸泡清洗打印部件表面剩余的液态树脂，热风吹干，拆除支撑，砂纸打磨，再用水清洗，吹干，最后放入紫外线固化箱中或一定温度下固化一段时间以稳定部件的各项性能。

⑩ 模型打印完后，断开电源，关闭打印机。

⑪ 关闭树脂盒通气帽，取出树脂盒，用保护阀盖将橡胶咬阀盖上，树脂可低温储存6个月。

⑫ 取下构建平台，用乙醇冲洗干净附在其表面的树脂。平台清理干净后再取出料槽，防止成型平台上的树脂滴漏到LCD屏幕上。

⑬ 将树脂槽剩余树脂倒出，使用仪器专门配置的PEC*PAD棉布（可蘸取少量干净的异丙醇）清理光学树脂槽底部残余树脂，注意不要太用力以防破坏储液槽底膜。

五、数据记录和处理

① 观察记录产品外观、尺寸及收缩、翘曲状况。

② 分析不同配方光敏树脂的成型条件及产品差异。

六、实验注意事项

① 光敏树脂不使用时可以过滤后再回收到棕色瓶子内，或者用东西遮挡住料槽，防止阳光直射和强光照射，并且防止灰尘进入。

② 光敏树脂使用前轻微的左右摇晃一下，请勿大力摇晃导致形成大量气泡。

③ 光敏树脂请勿直接接触皮肤或接触到眼睛，若不小心接触引发皮肤过敏或者不适，请立刻用清水冲洗，如情况严重请及时就医。若需查看屏幕照射是否正常请佩戴防紫外线眼镜。

④ 树脂槽中的树脂内有碎屑或打印失败件时，要及时用树脂槽清理工具取出，否则可能导致打印失败或严重磨损。必要时，过滤树脂。

⑤ 注意打印环境。勿在阳光直射或有强光的空间打印，最好在室内恒温的环境下打印。

七、思考题

① 光固化 3D 打印的固化条件对最终产品性能有何影响?

② 分析比较三种常见光固化 3D 打印方法的优缺点。

参考文献

[1] 林广鸿，尹敬峰，黄鸿，等. 混杂光固化 3D 打印树脂固化动力学性能. 材料工程，2019，47（12）：143-150.

[2] 倪才华，陈明清，刘晓亚. 高分子材料科学实验. 北京：化学工业出版社，2015.

第八节　高分子材料其他加工技术

实验二十四　聚丙烯熔体纺丝

一、实验目的

① 掌握聚合物熔体纺丝成型原理及实验技术。

② 了解熔体纺丝制备聚丙烯纤维的工艺过程及工艺参数。

③ 进一步熟悉螺杆挤出机的基本结构与操作。

二、实验原理

聚合物纤维可以通过熔体纺丝和溶液纺丝得到。熔体纺丝简称熔纺，是将高聚物加热至熔点以上的适当温度以制备熔体，熔体经螺杆挤压机，由计量泵压出喷丝孔，使之形成细流状射入空气中，经冷空气冷却固化成为纤维。合成纤维三大品种聚酯纤维、聚酰胺纤维、聚丙烯纤维都采用熔纺生产。相比于湿法纺丝，熔纺的卷绕速度高，纺丝过程中不使用溶剂和沉淀剂，对环境的污染比较小，此外，工艺流程短，生产成本低。凡是可通过加热熔融形成黏性熔体，且不发生显著降解的成纤聚合物都优先考虑采用熔体纺丝方法制备纤维。

熔体纺丝过程如图 3-35 所示。在螺杆挤出机中熔融的切片或由连续聚合制成的熔体，经过挤压、熔融向前送至计量泵；计量泵控制并确保聚合物熔体稳定流入纺丝箱，箱中的熔体被过滤并被压入多孔喷丝板中而喷出熔体细流，再经调温风箱吹出的冷风快速冷凝而固化，同时，由于导丝辊产生的预拉伸作用，使丝条直径变小；初生纤维通过卷丝筒被高速卷绕成一定形状的卷状（长纤维）或均匀落入盛丝桶中（短纤维）。为了避免丝条冷却过快难以成丝，有时采用等温熔体纺丝，即在喷丝板外加一个等温室，称纺丝甬道，纺丝

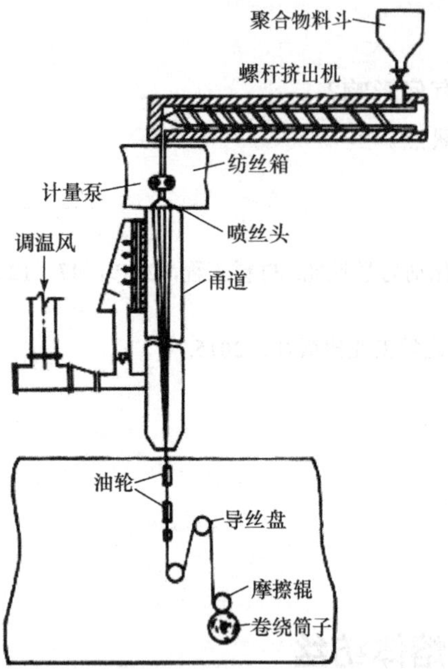

图 3-35 熔体纺丝

甬道的长短视纺丝设备和厂房楼层的高度而定，一般 3～5m。由于熔体细流在空气介质中冷却，传热和丝条的固化速度快，且丝条运动所受的阻力很小，因此熔体纺丝的纺丝速度要比湿法纺丝快得多。目前，熔体纺丝一般每分钟可达几千米。为了加速冷却固化过程，一般在熔体细流离开喷丝板后，在与丝条垂直方向进行冷却吹风，吹风形式有侧吹、环吹和中心辐射风等。熔纺纤维刚成型时几乎是干的，容易积聚静电，纤维间的抱合力差，与设备的摩擦力大，因此在卷绕前要经过给油、给湿处理，使纤维顺利地卷绕并可改善其后拉伸性能。

要得到良好的初生纤维（卷绕丝），除了对成纤聚合物切片或熔体的质量以及纺丝设备有一定要求外，还必须合理地选择纺丝过程的工艺条件。这些工艺条件主要有挤出温度、聚合物通过喷丝板各孔的质量流速、冷却条件、卷绕速度、喷丝头拉伸倍数、喷丝孔形状和尺寸等。熔体细流在喷出喷丝小孔处会出现膨胀现象，不同的聚合物孔口膨胀程度不同。聚酯、聚酰胺熔体在正常纺丝条件下，孔口胀大比在 1.5 以下，弹性效应较显著的是聚丙烯。孔口胀大是流动不均的根源。生产上常采用增大喷丝小孔直径、增大长径比（小孔长度与直径之比）和提高熔体温度等措施来减小孔口胀大比，以防止熔体破裂。

本实验以普通纺丝级聚丙烯切片为原料，采用熔融纺丝机制备聚丙烯纤维。纤维级聚丙烯以等规立构体为主，由于其结构规整性好而高度结晶化，切片呈半透明粒状，熔点一般为 166℃左右，密度为 $0.90g \cdot cm^{-3}$。

三、实验仪器和材料

1. 仪器

实验型熔融纺丝机、台秤、直尺、剪刀。

2. 材料

普通纺丝级切片聚丙烯。

四、实验步骤

① 打开纺丝机电源，设定螺杆挤压机 1 区温度为 220～230℃，2 区温度和箱体温度为 250～260℃，开启进料段冷却水。

② 待温度达到设定值并保持 0.5h 后，启动螺杆，将聚丙烯切片加入料斗内，打开侧吹风，开始纺丝。

③ 投料后 5～10min，聚丙烯熔体细流从喷丝孔喷出，在侧吹风的冷却下固化成型。开启卷绕机，引导初生纤维经过上油给湿装置卷绕到纸筒管上。

④ 调整计量泵的转速和卷绕速度，制得不同线密度的初生纤维。

五、数据记录和处理

① 记录聚丙烯纺丝过程的实验参数。包括各区温度（℃）、计量泵流量（$mL \cdot r^{-1}$）、计量泵转速（$r \cdot min^{-1}$）、箱体温度（℃）、泵供量（$mL \cdot min^{-1}$）、侧吹风（挡）、卷绕速度（$m \cdot min^{-1}$）。

② 测量初生纤维线密度

线密度定义：单位长度纱线的重量，表征纱线的粗细度。

计算公式：$\rho = W/L$，其中，ρ为线密度，$kg \cdot m^{-1}$；W为质量，kg；L为长度，m。或者，线密度（dtex）=1000G/L，其中，G为纤维质量，g；L为纤维长度，m。

六、实验注意事项

① 清理螺杆环结阻料、组件残留物或喷丝板时只能采用铜棒、铜刀等工具，严禁使用硬金属制工具，如三角刮刀、螺丝刀、锤子等进行清理，以免损伤设备。

② 熔体从喷丝板喷出时温度较高，操作时应戴好手套，防止烫伤。

③ 纺丝机有机械转动机件，实验者不能穿裙子和高跟鞋，留长发的同学需把长发挽起，以保证实验安全。

七、思考题

① 聚丙烯纺丝温度对纤维成型有何影响？

② 用手对聚丙烯初生纤维进行冷拉伸，纤维颜色会出现什么变化？为什么会出现这些变化？

参考文献

[1] 沈新元. 高分子材料与工程专业实验教程. 北京：中国纺织出版社，2016.

实验二十五　熔喷非织造布的制备

一、实验目的

① 加深理解高分子的流动特性和高分子材料的成型理论，了解熔喷非织造布的制备

原理及影响因素。

② 了解熔喷装置主要设备的特点，掌握熔喷非织造布的制备工艺。

二、实验原理

新冠疫情的暴发导致口罩需求激增，作为口罩核心材料的熔喷非织造布供不应求。熔喷非织造布，又称熔喷布，是一种以高熔融指数聚合物为主要原料，纤维直径在 2μm 左右的超细静电纤维布，其直径只有口罩外层纤维直径的十分之一，可有效捕捉粉尘，含有病毒的飞沫靠近熔喷布后，也会被静电吸附在表面，无法透过，有效阻隔病毒传染。

非织造布的生产方法包括干法成网、湿法成网、聚合物挤压成网等技术，而熔喷技术是聚合物挤压成网技术的主要分支之一，它结合了合成纤维熔融纺丝技术和非织造布成型技术等多个技术领域。本实验采用聚丙烯（PP）作为非织造布的原材料，用熔喷铺网成型方法制备聚丙烯非织造布。整个实验过程涉及聚丙烯的准备、熔喷组件的准备、螺杆挤出机的预热、热风的准备、熔喷成型、技术指标的测试等内容。此外，熔喷技术制备非织造布应用了高分子流变学和高分子成型技术等基础知识，对进一步掌握和应用这些理论具有重要意义。

1. 工艺原理

熔喷法非织造布生产技术是一种高聚物挤压纺丝成网技术，其原理是聚合物经螺杆挤压机加热、熔融和挤压，熔体从模头喷丝孔中被均匀挤出，形成熔体溪流，热空气从喷丝孔两侧与熔体喷出方向呈一定角度高速喷吹，使熔体被拉伸，形成超细长丝，或被吹断成具有一定长度的微细短纤维。牵伸后，冷却气流在模头下方的两侧补入，使纤维冷却结晶，凝聚在滚筒式纤维接收器上或循环式成网帘上，依靠自身黏合或其他加固方法成为熔喷非织造布材料。熔喷法非织造布制备工艺流程如图 3-36 所示。

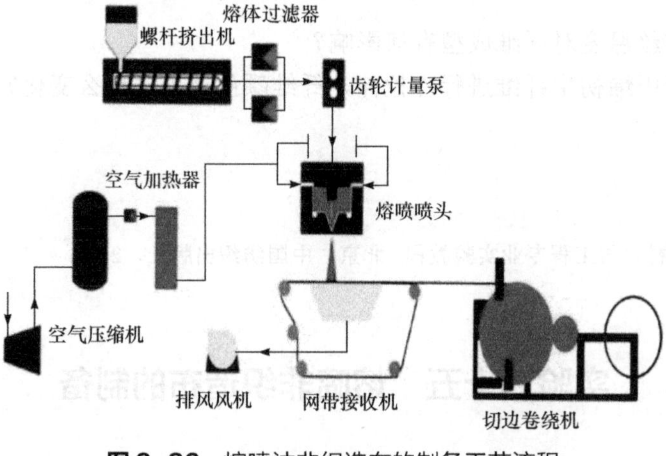

图 3-36 熔喷法非织造布的制备工艺流程

熔喷工艺主要使用热塑性聚合物为原料，最常用的有聚丙烯、聚酰胺和聚酯，也可采用聚苯乙烯、聚乙烯等。近年来随其发展，还开发使用了聚氨酯、乙烯-醋酸乙烯共聚物、聚三氟乙烯、聚碳酸酯、可溶性聚合物等。

2. 影响熔喷纤网质量的因素

影响熔喷纤网质量的因素有许多，主要包括喷丝头结构设计、聚合物熔体流动性、熔体和气体分配均匀性、热空气的温度及压力和流量、气流喷吹角度、冷却速率以及喷丝头至接收装置的距离等。只有正确掌握和合理选择这些工艺参数，才能获得优质的熔喷产品。下面简要介绍几种影响熔喷纤网质量的因素。

（1）喷丝温度

喷丝温度是影响熔体流动性能的主要因素。提高纺丝温度，可以改善熔体的流动性，当熔体通过喷丝孔被挤出后也容易被喷丝孔两侧的热空气牵伸和拉细，喷丝温度越高，纤维越细。降低纺丝温度，纤维直径会随之变粗，当喷丝温度降到一定程度时，由于纤维无法牵断，会变成连续长丝。此外，喷丝温度提高，纤维到达接收器时的温度较高，有利于纤维间的黏合，从而减小纤维间的间隙，增加纤网的致密程度，使其间隙减小。当然，喷丝温度不能无限制地提高，温度过高会发生降解，导致纤维发黄，强度降低等不良后果。

（2）空气温度

空气温度主要在熔体被挤出喷丝孔后发挥影响力。空气温度高，可延缓纤维的冷却，有利于热空气对纤维的牵伸，从而使纤维直径变小，有利于纤维间黏合，使纤网结构致密。不可否认，空气温度也可通过喷丝板的热传导影响熔体温度，进而对最大孔径产生间接影响。空气温度过高也会影响非织造布的性能，高温使喷出来的浆液降解变性，失去弹性，力学性能变差等。

（3）空气压力

熔喷纺丝主要是靠热空气对纤维进行牵伸，而空气压力则是一个关键因素。空气压力越高，纤维得到的牵伸越充分，纤维直径越小；相反，空气压力越低，对纤维的牵伸越不充分，则纤维直径越大。纤维细，则形成的纤网孔隙小，纤网最大孔径也小。因此，在同样定量条件下，随着纤维细度的降低，纤维的根数增加，纤维之间接触点及接触面积也增加，相互之间交叉、缠结和热黏合点也增多，从而增大了纤维之间相对滑移的阻力，因而增加了非织造布的强力。

（4）喷丝速率

对于固定的喷丝组件，喷丝速率是由螺杆转速决定的。喷丝速率过高纤维的直径相对较大，成型相对困难；而喷丝速率过低，熔体在高压热空气的拉伸下线密度变小，可能也会影响纤网的形成。

3. 成网方式

目前开发和使用的熔喷设备主要有间歇式和连续式两种成网方式。间歇式成网是指非连续式成网，即采用一个规定尺寸的滚筒来接收熔喷纤维。这种接收滚筒边回转边接收，使纤维均匀地喷铺在其圆周表面，形成内径与滚筒外径相等的筒状材料，或经切开形成宽度等于滚筒长度、长度等于滚筒周长的片状材料。用这种成网方式可以生产无缝管状材料，适合用作火车、汽车及空气和水净化的滤芯等；切开后展开的片状材料也可用作蓄电池隔板、绝热和吸油材料等。

连续式成网是使熔喷纤维凝聚在循环运转的成网帘上形成连续的纤网，成网帘通过运转将纤网输送给卷绕装置加工成卷装材料；也可以将纤维喷铺在一个滚筒接收器上，再把纤网引出进行卷绕。这种方式由于连续运转，生产效率高，所生产的产品可根据确定的卷装尺寸获得所需的长度。采用卷装的材料可以适用于各种不同尺寸的产品，而且有利于实现在线或线下复合，以形成复合型产品。

三、实验仪器和材料

1. 仪器

间歇式成网设备（图 3-37、图 3-38）、XQ-1 型纤维强伸度仪。

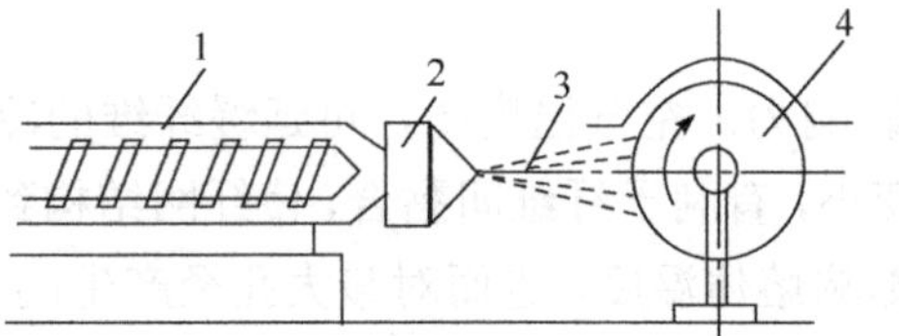

图 3-37　熔喷非织造布的间歇式成网工艺

1—螺杆挤出机；2—喷丝头；3—纤维；4—接收辊筒

图 3-38　熔喷非织造布生产线

2. 材料

聚合物的种类决定了其熔点及流变性能。对于每一种聚合物原料，均有对应的熔喷工艺，如在加热温度、热空气温度、原料干燥工艺等方面都有一定的差异，如表 3-13 所列。

表 3-13　烯烃类和酯类聚合物原料熔喷工艺的差异

原料种类	加热温度	热空气温度	干燥工艺
烯烃类	较高	较高	一般不需要
酯类	较低	较低	需要

烯烃类聚合物原料（如聚丙烯）的聚合度较高，因此加热温度高于其熔点 100℃以上方能顺利熔喷，而聚酯加热温度稍高于其熔点就可熔喷。烯烃类原料一般不需要干燥，而聚酯必须进行切片干燥。

聚合物原料的分子量及分子量分布是影响熔喷工艺和熔喷法非织造布性能最主要的因素。对熔喷工艺来说，一般认为聚合物原料分子量低、分子量分布窄有利于熔喷纤网的均匀性。聚合物分子量越低，熔融流动指数越高，熔体黏度越低，越能适应熔喷工艺较弱的牵伸作用。

本实验采用聚丙烯切片（$MFR>20\text{g}\cdot\text{min}^{-1}$）为原料。

成网工艺流程简要说明如下：电器控制柜螺杆各区的温度和螺杆转速、空气的加热以及接收滚筒；热空气釜的空气流速由阀门控制；聚丙烯切片在螺杆的带动下熔融，被挤到喷丝组件处，并从喷丝孔喷出，在热气流的拉伸和带动下，喷到转动的接收滚筒上，形成熔喷非织造布。

由于熔喷技术涉及高温高压，因此实验时一定要先掌握各个部件的作用和温度等基本技术参数，再进行操作。非织造布从接收滚筒上取下时，要及时标注“横向”和“纵向”。注意电器控制柜的各个按钮所对应的设备，开关顺序不要颠倒。

四、实验步骤

① 熟悉熔喷设备的结构、特点，了解设备的操作规范以及注意事项。

② 清理干净并安装喷丝组件和喷丝头。

③ 打开电源，依次接通挤出机、计量泵、喷丝板组件的加热器。挤出机螺杆各区、喷丝头和热空气的预热温度见表 3-14。

表 3-14　挤出机螺杆各区、喷丝头和热空气的预热温度

方位	一区	二区	三区	喷丝头	热空气
温度/℃	190	225	250	260	220

④ 打开风机，接通气流加热开关对气流进行加热。注意先开风机后接通气流加热开关。

⑤ 当温度达到加工温度后，加入聚丙烯切片，先开计量泵再开挤出机，有纤维喷出时打开送网帘。

⑥ 对收卷辊充气，进行熔喷材料收集。

⑦ 调节相关工艺参数（热风的温度、速度、接收距离、送网帘的速度等）观察纤网性能形态的变化。

⑧ 结束喂料，待没有纤维喷出后，关闭电源。

⑨ 收卷辊放气，取下试样，测试试样相关性能。

五、数据记录和处理

1. 非织造布力学性能的测定

① 将熔喷得到的非织造布裁成长条形，测量其长度后称重，计算其线密度。

② 将以上样品在 XQ-1 型纤维强伸度仪上测试其断裂强度和断裂伸长率，再计算其断裂强度。

注意事项：

a. 每个样品要测试 5 次以上，取其平均值。

b. 要测试每个样品在横向和纵向上力学性能的差别。

2. 非织造布透湿性的测定

① 先将吸湿剂称重，记录其质量。

② 将烘干的吸湿剂装入透湿杯中，将样品放置在透湿杯上，装上垫圈和压环，旋上

螺帽，放在相对湿度65%的亚硝酸钠饱和溶液环境中，经过24h后取出，再称其质量。

透湿性的计算按下式进行：

$$WVT = 24\frac{\Delta m}{St}$$

式中，WVT为每平方米每天（24h）的透湿量，$g \cdot m^{-2} \cdot d^{-1}$；$\Delta m$为同一实验组合体两次称量质量之差，g；$S$为样品的实验面积，$m^2$；$t$为实验时间，h。

3. 非织造布形态结构的测定

在显微镜下观察非织造布的结构。观测不同喷丝条件（如喷丝速率、空气温度和压力等）对非织造布纤网形态结构的影响。

六、实验注意事项

不同喷丝条件的熔喷非织造布均需取样，需要注意的是，非织造布的开始和结尾部分不能作为测试样品。

七、思考题

① 与纺黏法相比，熔喷法制备非织造布有什么优缺点？

② 讨论聚合物流变性能对熔喷成型的影响。

③ 采用熔喷法制备非织造布，从工艺上讲，有哪些影响纤网成型的因素？是如何影响的？

④ 请利用所学过的知识，探讨影响非织造布透湿性（或渗透率）的因素，并说明它们是如何影响非织造布透湿性的？

实验二十六　玻璃钢制品手糊成型

一、实验目的

① 学习玻璃钢制品手糊成型的基本方法和原理。

② 熟悉不饱和聚酯树脂凝胶、固化机理。

二、实验原理

不饱和聚酯是由不饱和二元羧酸（或酸酐）、饱和二元羧酸（或酸酐）与多元醇缩聚而成的线型高分子化合物，是一种热固性的树脂。不饱和聚酯分子主链中含有不饱和双键，可以在加热、光照、高能辐射以及引发剂作用下与交联单体进行共聚，交联固化形成具有三维网络的体型结构。

玻璃钢（FRP）一般指以玻璃纤维或其制品为增强材料，以不饱和聚酯、环氧树脂与酚醛树脂为基体获得的玻璃纤维增强塑料。玻璃钢手糊成型工艺是玻璃纤维增强不饱和聚酯制品生产中使用最早的一种成型工艺。其成型工艺过程包括树脂胶液的配制、玻璃纤维布的裁剪及浸渍、手糊、固化、脱模、熟化及修剪等后处理。尽管随着FRP的迅速发展，新的成型技术不断涌现，但手糊成型工艺仍占有重要地位，其工艺操作简便、设备简单、投资少、不受制品形状尺寸限制，特别适合于制作形状复杂、尺寸较大、用途特殊的FRP制品。但手糊成型工艺制品质量不够稳定，生产效率低。

用不饱和聚酯树脂制备FRP时，通常配以适当的有机过氧化物引发剂和苯乙烯单体，浸渍玻璃纤维，在适当的温度下固化一定时间，使树脂和玻璃纤维紧密黏结在一起，成为具有一定机械强度的 FRP 制品。不饱和聚酯树脂胶液配制时的工艺指标包括：黏度、凝胶时间及固化程度。①树脂黏度：树脂黏度又称流动性，是手糊成型中的一个重要指标，黏度过高会造成涂胶困难，不易使增强材料浸透；黏度过低又会出现流胶现象，影响产品质量。②凝胶时间：树脂胶液配制好后，到开始发热、发黏和失去流动性的时间称凝胶时间。一般希望胶液在糊制完成后停一段时间再凝胶。如果凝胶时间过短，施工中会因胶液发黏浸不透纤维而影响质量。反之，长期不凝胶，会引起树脂胶液流失和交联剂挥发，使固化不完全，强度降低。树脂胶液的凝胶时间与配方、环境温度、湿度、制品厚度等有关。聚酯胶液的凝胶时间一般通过调整引发剂和促进剂的用量来控制。③固化程度：完全固化是保证产品质量的重要条件。从工艺角度考虑，固化程度要考虑脱模强度和使用强度。前者保证制品从模具上无损坏取下，后者则使产品达到使用要求。对于手糊制品，通常控制在24h脱模，否则会影响生产效率。本实验采用过氧化环己酮（或过氧化甲乙酮）作引发剂，以环烷酸钴作促进剂，不饱和聚酯树脂可在室温、接触压力下固化成型。室温低于15℃时，应适当采取加热或保温措施，最佳环境温度为25～30℃。

三、实验仪器和材料

1. 仪器

金属模具（模腔150mm×150mm×4mm）、剪刀、毛刷、刮刀、刮板、钢尺、电子台秤、玻璃烧杯、玻璃棒、手辊、巴氏硬度计。

2. 材料

聚乙烯薄膜，0.4mm厚的无碱无捻玻璃纤维方格布若干，不饱和聚酯树脂100份，50%过氧化环己酮糊（含50%邻苯二甲酸二丁酯）4份，含6%环烷酸钴的苯乙烯溶液2～4份，颜料。

四、实验步骤

（1）玻璃布的准备

0.4mm厚玻璃布裁剪为150mm×150mm方块8块，并称重。玻璃纤维及制品一定要保持干燥，不沾油污。剪裁时应注意标记布的经纬方向，铺放时纵横交替放置。

（2）树脂胶液的制备

按 FRP 手糊制品 50%的含胶量称取不饱和聚酯树脂。按每 100 份（质量份）树脂加入 4 份过氧化环己酮糊，充分搅拌均匀，再加入 2～4 份环烷酸钴溶液，充分搅拌均匀待用。

（3）糊制

在金属模具上铺放好聚乙烯薄膜，在中央区域倒上少量树脂，铺上一层玻璃纤维布，用手辊或刮板从一端（或从中间向两端）把气泡排出，使树脂充分浸透玻璃布后，再刷涂第二层不饱和聚酯胶液，铺上第二层玻璃纤维布，再用手辊仔细滚压，如此重复直至达到设计厚度。铺第一、第二层布时，树脂含量应高些，这样有利于浸透织物和排出气泡。最后在上面盖上另一张聚乙烯薄膜，再用手辊滚压薄膜推赶气泡。气泡赶尽后，在糊层的表面上再压上另一块金属模具。

（4）固化、脱模

室温固化 24h 后，检查制品的固化情况。手糊完毕后需待制品达到一定强度后才能脱模，这个强度定义为能使脱模操作顺利进行而制品形状和使用强度不受损坏的最低强度，低于这个强度而脱模就会造成损坏或变形。通常气温在 15～25℃，24h 即可脱模；30℃以上 10h 对形状简单的制品可以脱模；气温低于 15℃需要加热升温固化后再脱模。也可用巴氏硬度计来检验，一般情况下，当固化到巴氏硬度 15 时，便可脱模。

（5）修剪毛边。

五、数据记录和处理

① 观察产品外观，测量其尺寸及硬度。

② 放置一周时间，再次测量产品硬度。

六、实验注意事项

① 不饱和聚酯树脂的凝胶时间除与配方有关外，还与环境温度、湿度、制品厚度等有很大关系。因此在实验之前应做凝胶试验，以便根据具体情况确定引发剂、促进剂的准确用量。对于初学者，建议凝胶时间控制在 15～20min 内较为合适。

② 涂刷要沿布的径向用力，顺着一个方向从中间向两边把气泡赶尽，使玻璃布贴合紧密、含胶量均匀。铺第一、第二层布时，树脂含量应高些，这样有利于浸透织物并排出气泡。

七、思考题

① 不饱和聚酯树脂固化有哪两种固化体系？试述引发剂、促进剂的作用原理。

② 分析本实验手糊制品产生缺陷的原因及解决办法。

参考文献

[1] 刘丽丽. 高分子材料与工程实验教程. 北京：北京大学出版社，2012.

[2] 张玉龙，李萍. 塑料配方与制备手册. 北京：化学工业出版社，2017.

实验二十七　水性油墨印刷及色泽测定

一、实验目的

① 熟悉水性油墨的组成、特性及凹版印刷原理，了解影响水性油墨印刷质量的因素。

② 掌握水性油墨印刷样品色泽的测定方法。

二、实验原理

水性油墨是由颜料、连接料、溶剂和相关助剂混合而成的，其以水作溶解载体，安全、无毒无害、不燃不爆，几乎无挥发性有机气体产生，特别适用于烟、酒、食品、饮料、药品、儿童玩具等卫生条件要求严格的产品包装印刷。而在印刷过程中，水性油墨的使用问题主要有色相不准、干燥过快或过慢、轮廓模糊、难以套准、油墨起泡、糊版粘脏、印迹脱落等。

影响水性油墨印刷质量的因素主要包括 pH 值、温度、湿度、承印材料、通风程度与印件堆放方式等。其中，pH 值是决定水性油墨制造及其印刷适性技术成败的关键，其 pH 值应控制在 8.0～9.5 之间为好。如果水性油墨的 pH 值太高、碱性太强，会影响油墨的干燥速度，出现背面粘脏，耐水性差；如果 pH 值过低、碱性太弱，会使油墨的黏度升高，干燥速度变快，容易造成脏版、糊版和起泡等缺陷。

凹版印刷简称凹印，是四大印刷方式中的一种。凹版印刷是一种直接的印刷方法，它将凹版凹坑中所含的油墨直接压印到承印物上，所印画面的浓淡层次是由凹坑的大小及深浅决定的。如果凹坑较深，则含的油墨较多，压印后承印物上留下的墨层就较厚；相反如果凹坑较浅，则含的油墨量就较少，压印后承印物上留下的墨层就较薄。凹版印刷的印版是由一个个与原稿图文相对应的凹坑与印版的表面所组成的。印刷时，油墨被充填到凹坑内，印版表面的油墨用刮墨刀刮掉，印版与承印物之间有一定的压力接触，将凹坑内的油墨转移到承印物上，完成印刷。

凹版印刷作为印刷工艺的一种，以其印制品墨层厚实、颜色鲜艳、饱和度高、印版耐印率高、印品质量稳定、印刷速度快等优点在印刷包装及图文出版领域内占据极其重要的地位。从应用情况来看，在国外，凹印主要用于杂志、产品目录等精细出版物，包装印刷和钞票、邮票等有价证券的印刷，而且也应用于装饰材料等特殊领域；在国内，凹印则主要用于软包装印刷。随着国内凹印技术的发展，也已经在纸张包装、木纹装饰、皮革材料、药品包装上得到广泛应用。

三、实验仪器和材料

1. 仪器

凹版印刷适性仪（图 3-39）、CS-220 色差仪。

图 3-39 RK 凹版印刷适性仪

2. 材料

水性油墨、塑料薄膜（如 BOPP 薄膜、PET 薄膜）。

四、实验步骤

1. 油墨印刷步骤

① 安装好印刷版，辊筒和刀片置于印刷机顶部，面板上左侧操作旋钮处于“STOP”状态。

② 放下辊筒和刀片，顺时针旋转辊筒两端的旋钮，使辊筒平衡靠近印刷版，至辊筒与印刷版间的缝隙刚好消失，之后将两端旋钮顺时针再旋转一周。

③ 顺时针旋转刀片两端的旋钮，使刀片平衡靠近印刷版，至刀片与印刷版间的缝隙刚好消失，之后将两端旋钮顺时针再旋转一周。

④ 将印刷基材粘贴并包覆于辊筒上，辊筒转至卡位，印刷油墨均匀置于刀片前。

⑤ 旋转“SPEED”旋钮调节刮样速度（一般选 5～7），将操作旋钮旋至“FWD”，机器刮样。

⑥ 抬起辊筒与刀片，将操作旋钮旋至“REV”，待辊筒与刀片后退至顶部后，操作旋钮旋回“STOP”状态。

⑦ 取下印刷品，立即清洗印刷版和刀片。

2. 色泽测试步骤

① 取下镜头保护盖，打开色差仪的电源开关。

② 点击“白板校正”，根据提示安置好白板，点击“确认”或按“测量”，注意白板上的数字对应于仪器；点击“黑板校准”，根据提示放置黑色圆柱，将仪器测量口对准黑色圆柱，点击“确认”或按“测量”即可校正黑板。

③ 按下仪器右侧的测试键，读出标准样的 L^*、a^*、b^*绝对值。

④ 按下“enter”键，将测试口对准样品的被测部位，按下测试键，等“嘀”的一声响后才能移开镜头，此时显示该样品与标准样的色差值：dL^*、da^*、db^*等。

⑤ 由 dL、da、db 判断两者之间的色差大小和偏色方向。

五、实验注意事项

① 印刷版不可以反方向刮擦，印样后必须先抬起辊筒和刀片后，方可将操作旋钮旋至“REV”复位。

② 刮样后必须立即清洗印刷版，以防样品干燥造成堵版；清洗时，只能顺着刮样方向擦洗印刷版；印刷版不可用纸巾、粗糙的布料等擦洗。

六、思考题

① 水性油墨干燥速度与什么因素有关？

② 水性油墨常用的助剂有哪些？请叙述各种助剂的特点和使用方法。

实验二十八 丝网印刷

一、实验目的

① 了解丝网印刷的特点和原理。

② 掌握丝网印刷的技巧和工艺流程。

二、实验原理

丝网印刷技术是利用丝网版图文部分网孔透油墨，非图文部分网孔不透油墨的原理进行印刷的。当进行丝网印刷时，从丝网版的一端导入油墨，用刮板在丝网印版的油墨部位施加一定压力，同时朝丝网印版的另一端迅速移动，使油墨在刮板移动的过程中，漏印到承印物表面。因此，丝网印刷的关键在于感光制版，其原理是将丝网上的水溶性感光高分子液体涂层，通过有图像的底片或掩膜曝光以后，感光部分交联固化，未感光部分仍具有水溶性，可用水溶解冲洗显影，留下漏空的网孔，印刷时油墨可顺利通过网孔而黏附于承印物上；而感光固化部分则成为交联的高分子膜层，不溶于水，因而被留在网孔上，油墨不能通过。

丝网印刷感光制版用的感光胶早先是由一些天然高分子（如明胶、动物蛋白胶等）添加重铬酸盐光敏剂组成的。因对外界环境适应性差，其中的亲水胶已被合成聚合物如聚乙烯醇（PVA）等代替。这种重铬酸盐/PVA感光体系成本低廉，但仍存在着贮存寿命短、感度低的缺点，加上铬的公害问题，近年来逐渐被PVA-重氮盐感光体系所代替，其光固化交联反应如下。

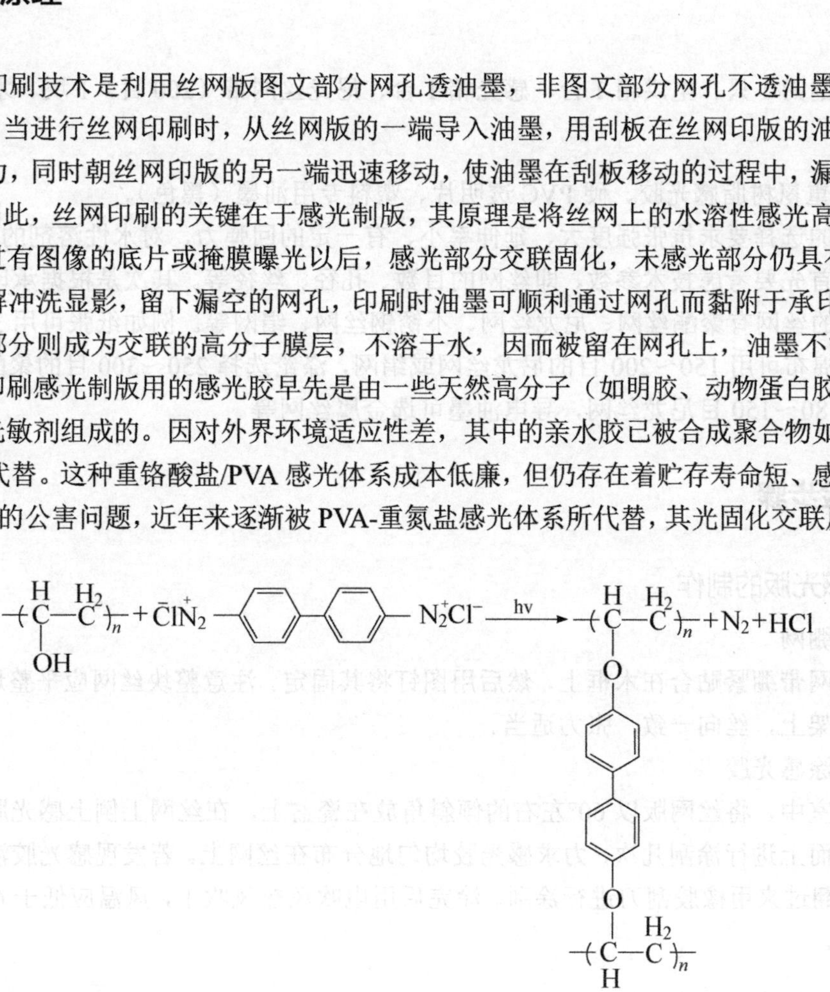

推测其过程是光照后重氮盐分解产生自由基和阳离子，它们夺取 PVA 羟基上的氢，进而形成带醚键的交联结构。考虑到热稳定性的因素，目前实际上使用的是对重氮二苯胺盐与多聚甲醛的二聚或三聚缩合物，即重氮树脂，其性质稳定，结构如下。

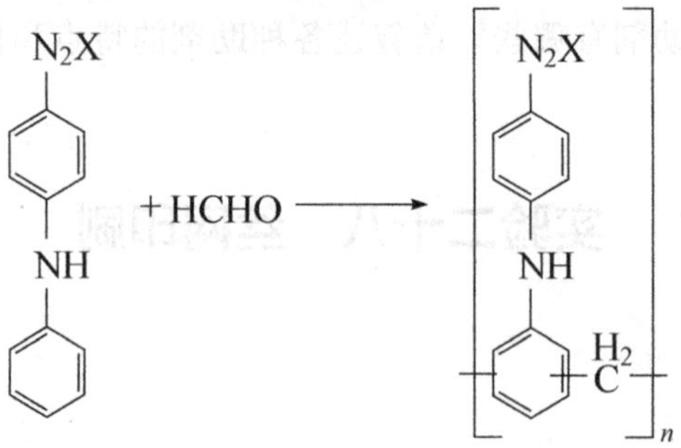

丝网印刷既适用于平面、曲面塑料制品，也可用于服装、装饰材料、电路板等，并可以套印。本实验包括丝网版的制作和塑料印刷两部分。

三、实验仪器和材料

1. 仪器

橡胶刮刀 1 只、电烘箱 1 台、感光箱 1 台、尼龙丝网带（200 目）1 块、木框 1 个。

2. 材料

PVA/重氮树脂感光胶、硬 PVC 透明片、塑料专用油墨（黑色）。

丝网的选择要求抗张强度大、延伸率小、有一定的回弹力，对水性溶剂的耐抗性好。选择丝网首先要考虑技术参数，即丝网的目数、孔径、丝径等。其次是根据承印物选择丝网，常用的丝网有聚酯丝网、尼龙丝网、不锈钢丝网、绢网等。例如纸张可用 300 目的聚酯丝网，棉布可用 150～200 目的尼龙丝网或绢网，涤纶选择 250～300 目的聚酯丝网，发泡印刷选 80～150 目尼龙丝网，导电油墨可选金属丝网等。

四、实验步骤

1. 丝网感光版的制作

（1）绷网

将丝网带绷紧贴合在木框上，然后用图钉将其固定。注意整块丝网应平整地、绷紧地贴合在木架上，丝向一致，张力适当。

（2）涂感光胶

在暗室中，将丝网版以 60°左右的倾斜角放在瓷盆上，在丝网上倒上感光胶，用橡胶刮刀由下而上进行涂刮几次，力求感光胶均匀地分布在丝网上。若发现感光胶渗透到网带的背面，翻过来用橡胶刮刀进行涂刮。涂完后用电吹风热风吹干，风温应低于 60℃，放在暗处待用。

（3）墨稿图片的制作

在硬 PVC 透明片上，用黑色油墨绘上图案或写上字，待其干燥后再进行检查，查看图案或字是否透光，若发现透光则再用油墨补上，直至不透光为止。

（4）感光

在丝网版下面（即木框中丝网的下面）垫上软物（棉花或纸团），以防止从下面曝光。丝网版上面覆上墨稿图片和玻璃片（墨稿图片在丝网与玻璃片之间），周围用铁夹将其夹紧，然后用 250W 白炽灯或 20～40W 日光灯使其感光，与光源的距离为 20～30cm，感光时间为 5～15min（视光源种类而异）。当发现丝网上没有文字或图案的地方完全变色时，则感光完毕，关掉光源，移去玻璃、墨稿、图片及软物。

（5）显影

将感光后的丝网版立即投放于温水中浸泡片刻，再用水冲洗面层胶液，并用涤纶棉边冲边轻擦。冲 1～2min 后可看到丝网上原来图片的黑色部分（即未感光部分）溶于水而被水冲掉。用干布或棉纱轻轻吸去上面的水分，再用电吹风吹干（温度为 40～50℃）即可。

2. 丝网印刷

将要印刷的塑料薄膜平放在一叠纸上，然后将丝网版放在薄膜上，在丝网上倒上适量油墨，用橡胶刮刀以均匀的力进行涂刮，刮刀与印刷面倾斜度以 20°～70°为宜，刮刀的宽度应略大于图案的宽度，以便能一次完成。单色印刷好后，用抹布或纸擦拭网框上的油墨，或用水轻轻清洗亦可。丝网印刷示意图见图 3-40。

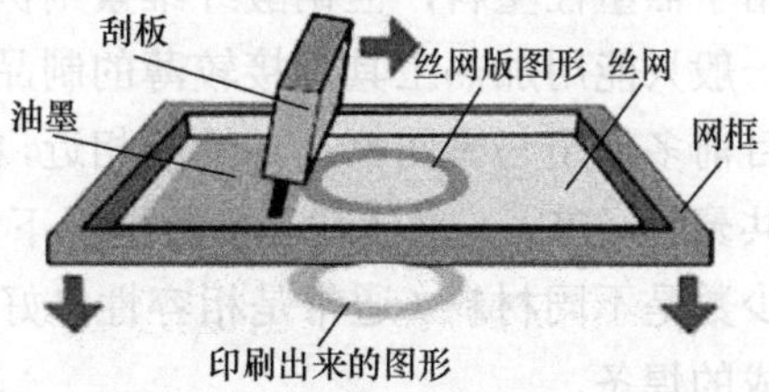

图 3-40　丝网印刷

五、实验注意事项

① 实验中注意防止意外的曝光，需要灯光时，使用红色的灯光。如有人员要离开实验室，要尽量快速、避光性地离开。

② 制作墨稿图片时应选图案较大的图形制作，避免边缝过细不利于印刷。

六、思考题

① 简述感光高分子光成像原理，该原理可应用于哪些领域？

② 制备丝网版时产生晕影的主要原因是什么？

实验二十九　塑料的焊接

一、实验目的

① 了解几种焊接方法的原理。

② 了解塑料焊机的基本结构，掌握塑料的焊接技术。

二、实验原理

加热熔化使塑料部件间接合的作业称为焊接，它是一种基于自黏结过程的塑料连接工艺。自黏合性是指两个表面接触时能形成稳态键的能力。目前的焊接机理主要有两种理论。一种是扩散理论，认为自黏合能力与接触面上分子链自由末端的存在有关。焊接时由于有剧烈的运动，两个焊件表面层分子链末端能通过接触面扩散形成自黏合键。这种扩散相互间能越过界面交织起来，使表面层消失，两个被焊件熔合为一体。另一种是黏弹性理论，认为在焊接加工时，两个焊件的表面在热和焊接压力的作用下，发生黏性及部分弹性变形。作用于接触表面的分子间吸引力不断增大，分子间距离缩短，原子间距离接近，导致氢键力和次价力大幅度增加，使之聚集成一个整体。焊接有很多方法，其中较重要的是，加热工具焊接、感应焊接、热气焊接、超声焊接、摩擦焊接和高频焊接等，所有焊接方法只适用于热塑性塑料，但硝酸纤维素则例外，它在高温下很不稳定。而聚四氟乙烯因难熔融，一般只能用加热工具焊接较薄的制品和板材，对较厚的大面积板材则难以保证焊接质量。目前多使用与聚四氟乙烯性能相近，能够熔融和焊接的四氟乙烯与全氟代烷基乙烯基醚的共聚物（PFA）来代替。多数情况下，焊接是在两种相同材料的零部件间进行的，但也有少数是不同材料（通常是相容性良好的）间的焊接，这时通常都要使用两种材料共混物制成的焊条。

1. 加热工具焊接

加热工具焊接是指利用电热工具（如热板、热带或烙铁等）进行焊接的方法，这种方式特别适合于需要大面积焊接的大型塑料件焊接，一般是用平面电热板加热工具将需焊接的两平面熔融软化后，迅速移去加热工具并将两表面合并加压，直到熔化部分冷却、硬化，就能使塑料部件彼此连接。这种方法焊接装置简单、焊接强度高，制品、焊接部分的形状设计相对来说比较容易。但依靠热板产生的热量使制品软化，周期较长；熔融的树脂会黏附到电热板上且不易清理[电热板表面涂聚四氟乙烯（F4）可减轻这种现象]，时间长易形成杂质影响粘接强度；需严格控制压力和时间保证适当的熔融量；当不同种类的树脂或金属与树脂相接合时，会出现强度不足的现象。

2. 感应焊接

将金属嵌件放在被黏合的塑料表面之间，以适当的压力使它们暂时结合在一起，并将其置于高频磁场内。金属嵌件因感应生热使塑料熔化，再通过冷却而使塑料部件连接。上述方法即称为感应焊接，这种方法几乎对所有热塑性塑料都能奏效。

感应焊接是一种非常快速（一般 3～10s，甚至只 1s）和多样化的焊接方法，焊接强度多数情况下都能符合使用要求。缺点是：焊缝处留有金属品、设备投资高和焊接强度不如其他焊接方法高。

3. 热气焊接

用焊枪喷出的热气流使塑料焊条熔化在待焊塑料的接口处，使之结合的方法，称为热气焊接（图 3-41）。这种焊接方法焊接设备轻巧、容易携带，一般是手工操作，操作周期长，焊接质量影响因素多，对操作者的焊接技能要求比较高。

热气焊接的焊接强度取决于：①被焊件和焊条的塑料种类；②接口结构；③待焊面的机械加工质量；④焊接技术。焊接强度不足的原因是焊接温度过高或过低、焊条没有贯穿接口、焊条受到延伸和接口处存在气泡等。过高的焊接温度常会引起塑料的降解，以致损伤焊接强度；温度过低，熔合不够，也会损伤焊接强度。焊条没有贯穿和接口处存有气泡对焊接强度不利的原因是相同的，即焊接截面受到折耗。焊条出现延伸是由于焊接过程中焊条的推进过快。延伸的结果会使焊条的直径发生变化，从而形成内应力，以致焊接强度受到损伤。

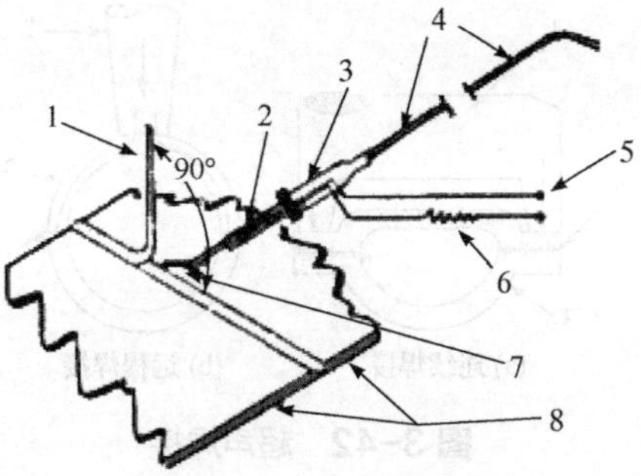

图 3-41　热气焊接

1—焊条；2—加热元件；3—焊枪；4—压缩空气导入管；5—电源接头；6—温度调整装置；7—对准板材与焊条的热气喷头；8—待焊的塑料板材

4. 超声焊接

超声焊接就是使用高频机械能软化或熔化接缝处的热塑性塑料，被连接部分在压力作用下固定在一起，然后再经过频率通常为 20～40kHz 的超声波振动，换能器把大功率振动信号转换为相应的机械能，施加于所需焊接的塑料件接触界面，焊件接合处剧烈摩擦，瞬间产生高热量，从而使分子交替熔合，从而达到焊接效果。所有超声焊接设备都有以下四个基本构件。

（1）高频电流发生器

主要作用是将输入的低频电流转换为输出的高频电流。其频率范围与超声频率范围相同。

（2）换能器

将高频电流转换成高频的机械振动，也就是转换成超声波。完成这种转换的常用方法有两种：一种是利用压电效应。某些不对称的晶体，如天然的石英晶片和合成的钛酸锂或钛酸钡晶片等，当处于交变电场中时，会随着电压的变化而发生相同频率的机械形变或尺寸伸缩，这种现象即所谓的压电效应。利用这类晶片的压电效应即可将高频电能转换为超声波能。另一种是利用磁致伸缩效应，这种效应指的是如铁、钴、镍一类金属或它们的合金在交变磁场中所发生的收缩和膨胀变化。利用这种效应也可以将高频电能转换为超声波能。从声学原理可知，声强是正比于声波振幅平方的。由上述两种方法转换的超声波振幅都不大，因此，这种不大的运动还需适当放大（振幅 2.5～250μm）才能使用。

（3）焊具

焊具是将超声能量传送给待焊塑料的工具，通常是由铝、钛或蒙乃尔合金制成的圆锥体（图 3-42）。锥体是便于超声能量能够在待焊部件上集中，而圆锥体则是便于焊具的制造。焊具顶端的直径随焊接工作的情况而变，通常在 12～120mm 内变化。

（4）底座

底座是支撑待焊塑料的，使待焊塑料便于接收超声波的冲击，通常用硬性金属制成。

超声焊接时，将被焊接工件夹在底座与焊具之间并给予一定压力。开动设备，超声波

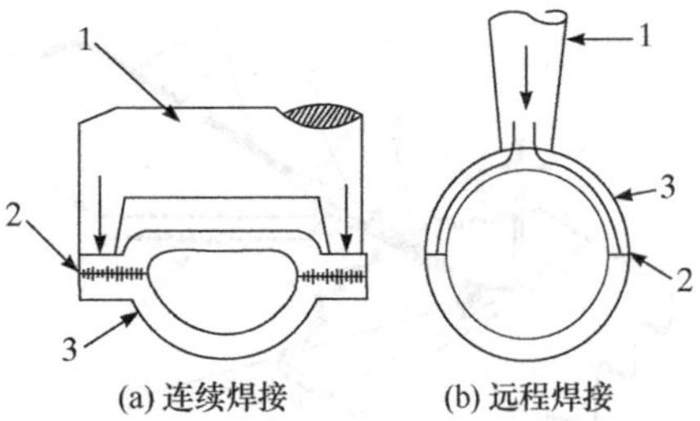

图 3-42 超声焊接

1—焊具；2—接口；3—塑料部件

被传至塑料待焊部分，在较短时间（0.5～5s）内交接处的塑料即会熔化而相互熔接。按照焊具与塑料待焊部分间的距离，超声焊接有接触焊接和远程焊接之分。接触焊接几乎对所有热塑性塑料都有效，但远程焊接只适用于硬性和半硬性的热塑性塑料，而对软性热塑性塑料就不是很有效，因为超声能量在这种塑料中消失很快。

5. 热棒焊接和脉冲焊接

热棒焊接和脉冲焊接这两项技术主要用于厚度较小的塑料薄膜焊接，并且这两种方法相似，都是将两片薄膜紧压在一起，利用热棒或镍铬丝产生的瞬间热量完成焊接。

6. 高频焊接

高频焊接是利用电磁感应原理高频感应加热技术，穿透塑料制品对埋藏于塑料制品内部的感应体或磁性塑料进行感应加热，被焊塑料在快速交变电场中可以产生热量而使需焊接部位迅速软化熔融，继而填充接口间隙，并以完善的机械装置辅助达到完美焊接。产生高频感应最为常用的方法是，利用高频电流通过线圈，从而得到一个强大的高频磁场。感应体（即发热体）一般为铁、铝、不锈钢等材料，但有时也使用通过添加磁性物质加工而成的磁性复合塑料。

7. 红外线焊接

红外线焊接这项技术类似于电热板焊接，将需要焊接的两部分固定在贴近电热板的地方，但不与电热板接触，在热辐射的作用下，连接部分被熔融，然后移去热源，将两部分对接，压在一起完成焊接。这种方式不产生焊渣、无污染、焊接强度大，主要用于聚偏氟乙烯（PVDF）、PP 等精度要求很高的管路系统连接。

8. 激光焊接

激光焊接就是将激光器产生的光束（通常存在于电磁光谱红外光区的集束强辐射波）通过反射镜、透镜或光纤组成的光路系统，聚焦于待焊接区域，形成热作用区，在热作用区中的塑料被软化熔融，在随后的凝固过程中，已熔化的材料形成接头，待焊接的部件即被连接起来。通常用于 PMMA、PC、ABS、LDPE、HDPE、PVC、PA6、PA66、PS 等透光性好的材料，在热作用区添加炭黑等吸收剂可以增强吸热效果。

三、实验仪器和材料

1. 仪器

直尺、锉刀、砂纸、塑料焊机、万能制样机。

2. 材料

聚氯乙烯（或 PMMA、PS、PE、PP、PA 等）板材、聚乙烯薄膜、塑料焊条等。

四、实验步骤

1. 塑料热气焊接

① 用万能制样机将塑料板材裁成所需大小规格的试样，将试样接口挫成一定角度。

② 焊接部件之间应留有一定间隙（0.4～1.5mm），以便使熔化的焊条能够延伸到底部，从而保证焊接强度。

③ 焊枪通电加热，当热气流的温度达到焊接要求时，开始焊接。焊枪与接口处应保持一定距离，并要轻微摆动焊枪，以便使喷出的热气流对焊接面和焊条均匀地加热；焊条与焊接面应保持 90°，待焊条和焊接面熔化时，将焊条以适当的压力下压，并沿焊接方向等速前进，控制在 $0.3 \sim 0.6\text{m} \cdot \text{min}^{-1}$ 为宜。

2. 塑料超声焊接

① 将待焊工件夹在底座与焊具之间并施加一定压力。

② 设定熔接压力、延迟时间、定熔时间和硬化时间。

③ 启动超声设备，超声波被传送至塑料焊件的待焊部分，在较短时间内，焊件的接触面即全部熔融并相互熔接。

④ 熔化的塑料冷却凝固后，移除夹紧力，收回焊头。

五、实验注意事项

① 焊枪在加热吹风时，热气流温度高达 200～2000℃，应加以注意，不要对可燃物吹风，更不能对人吹风。

② 焊接时温度不能过高（不能使焊条完全熔化和流动），以免塑料受热分解。要特别注意分解时释放出的有毒气体。

六、思考题

① 塑料可焊接的原理是什么？

② 焊接温度过高，焊隙发黄或烧焦，对焊接强度有何影响？为什么？

实验三十 塑料的回收及加工使用性能评价

一、实验目的

① 了解塑料回收的原理及意义。

② 了解塑料的回收途径和方法。

③ 尝试 3D 打印 PLA 废料的回收使用。

二、实验原理

随着塑料制品消费量不断提高，不仅消耗大量的自然资源，废弃塑料也不断增多，产生了大量城市垃圾，污染环境，这些都影响着人类社会的可持续发展。解决这一问题的方法之一是开发资源再利用技术，建立循环型的塑料加工工业体系，将使用后的废弃塑料回收再利用，即废物资源化。据报道，用软饮料瓶及调味瓶回收制得的聚对苯二甲酸二乙醇酯（PET）要比 PET 原料生产节约 2/3 能量。废弃塑料经过人工筛检分类后，经过破碎、造粒、改性等流程，变成各种透明不透明塑料颗粒，成为可以再次利用的再生料。此外，企业回收的塑料大部分来源于制品加工过程中和使用过程中的粉料，制品成型加工过程中产生的废品，如飞边料、切边料、浇口残留料、流道残留料以及试验料、落地料等。通常将这部分废料粉碎后按一定比例加入新料中加以利用。

塑料的循环再加工类型有多种分类。其中一种分类是把循环再加工类型分为初级、次级、三级，有时还有四级循环利用。初级循环利用被定义为用来制作相同或相似类型的产品，或者工厂对生产过程中边角料的回收利用；次级循环利用则用来生产要求相对较低的产品，或者是对废旧消费品材料的再利用；三级循环利用是指把回收的塑料材料经过化学处理后作为化学原料；四级循环利用是指把回收的材料作为能量的来源使用，例如制成垃圾固形燃料用于发电等。

另外一种分类是把循环再加工类型分为机械回收再利用和原料回收再利用。机械回收再利用是利用机械加工方法把塑料转变成有用的形式，它包括初级循环利用与次级循环利用。原料回收再利用本质上等同于上面所述的三级循环再利用，将回收的材料用来作化学原料，用于合成新的塑料。在欧洲，回收通常包括机械回收和原料回收，再加上焚烧材料的能量回收。

不同的树脂适合于不同的回收方法，热塑性树脂要比热固性树脂更适合机械回收再利用，缩合聚合物如 PET、尼龙和聚氨酯比加成高聚物如 PS、PVC 等更适合于原料回收再利用。回收可以得到一种或两种比较纯的原料。被回收来的塑料一般不纯净，其中包含原先产品的残余物、污迹、标签及其他一些材料，而且它们通常包含有一种以上的树脂，同一种树脂可能还有不同的牌号、不同的颜色、添加剂等。因此，对材料的清洁及分类是大多数塑料回收的一个重要部分。

回收塑料中的非塑料污染物不仅会影响材料的加工，而且还会影响以这些回收料为原料制品的最终性能。把塑料从非塑料的污染物中分离出来主要依靠一系列传统的加工技术。例如塑料颗粒可以经空气分离器分离轻质污染物，经热水和清洁剂洗涤去除产品中的残余物及黏合剂等，经电磁分离技术排除铁杂质，其他的如旋转分离技术、静电分离技术也可以用来分离金属，最后再筛除较重的杂质。

由于大多数树脂相互之间是不相容的，混合使用会导致树脂性能的下降。此外，熔融温度或黏流温度的不同也容易导致回收失败，例如 PET 中含有少量 PVC，达到 PET 熔点时 PVC 已经开始分解，留下黑斑污染回收 PET，使其丧失用处。即使相似的树脂也会产生不少问题，例如软饮料瓶底回收的注射成型 HDPE 和吹塑成型 HDPE 混在一起，由于流动性变化，不论是吹塑成型还是注射成型都很难对回收料再进行加工。因此，混合的回收塑料需要依据树脂类型进行分离。使用红外光谱探测器可以区分树脂类型使其分离，利用塑料密度的不同也可对其进行分离。此外，静电塑料分离系统对只含两种树脂碎片的体系也有良好的分离效果。为了便于回收，对一些塑料产品在注射成型时就进行编码，美国塑料工业协会分别对 PET、HDPE、PVC、LDPE、PP 和 PS 依次编码为 1～6，其他塑料编码为 7。

聚乳酸（PLA）作为新型的生物材料，因其良好的生物相容性和可降解性一直备受关注，已被广泛应用到众多领域。但聚乳酸的制备成本高，且降解速率也没有期望的那么快，如果其制品仅仅使用一次就被废弃，不仅不利于资源的有效利用，也会造成一定的环境问题。因此如何回收 PLA 以及提高 PLA 回收料的性能便具有重要的现实意义。本实验尝试对 3D 打印过程产生的 PLA 废料进行回收利用。PLA 由于分子链中长支链少，熔体强度特别低，成型过程只能在很窄的温度范围内进行，同时，回收过程还可能伴随水解反应引起的过分降解，进一步降低了其使用性能。因此，本实验采用扩链剂对回收聚乳酸进行熔融扩链改性以提高其熔体强度，减缓其降解过程而不改变其可降解性，以此实现循环利用。

三、实验仪器和材料

1. 仪器

塑料粉碎机、3D 线材挤出成型机、真空烘箱、剪刀、托盘。

2. 材料

3D 打印废料，环氧类扩链剂 ADR-4380、ADR4370S（德国巴斯夫公司），或者 SAG-008，由苯乙烯（ST）-甲基丙烯酸甲酯（MMA）-甲基丙烯酸缩水甘油酯（GMA）组成的三元共聚物。

四、实验步骤

① 检查回收的塑料，除去可见的非高分子物质，尤其不能含有金属。

② 开动粉碎机，将回收料分批放入进行粉碎。若粉碎料块大小不均匀，可以重复进行多次粉碎。

③ 将粉碎后的回收料放入 80℃的真空烘箱中干燥 1h 以上，检测其含水量。

④ 开启 3D 线材挤出成型机，设置各区适宜的加工温度，从进料区至模头温度分别为 160℃、190℃、200℃、200℃。并预热至所需温度，恒温 10min。

⑤ 将干燥后的粉碎回收料，以及加入 0.2～1 份扩链剂的回收料挤出成型。

⑥ 比较纯新料和回收料挤出线材的外观、线材均匀性和力学性能差异。

⑦ 测试回收料的 3D 打印性能，分别使用回收线材以及新线材打印材料制成拉伸性能及弯曲性能标准测试样条，比较其差别，评价回收材料的使用性能。

五、数据记录和处理

① 将实验投料配方列表进行记录。
② 记录工艺条件。
③ 记录实验结果并分析回收材料的性能。

六、实验注意事项

① 确认回收料中没有混入金属。
② 塑料粉碎时注意安全，切勿将手探入粉碎机。

七、思考题

① 聚酯类塑料进行机械回收加工时要注意哪些问题？
② 为什么塑料产品使用后性能变劣？
③ 热固性塑料和热塑性塑料回收方法有何不同？

参考文献

[1] [美]查尔斯 A 哈珀. 塑料、弹性体、复合材料手册——性能及加工. 苑会林，等，译. 北京：化学工业出版社，2007.
[2] 朱延谭，张 鹏，朱从山，等. 两种新型扩链剂对聚乳酸性能影响的研究. 塑料工业，2013，41（11）.
[3] 陈卫，汪艳，傅轶. 用于 3D 打印的改性聚乳酸丝材的制备与研究. 工程塑料应用，2015，43（8）.
[4] 吴笛青，温变英. 回收聚乳酸树脂的扩链改性. 高分子材料科学与工程，2013，29（9）.

第四单元　高分子材料综合与设计实验

实验三十一　纳米粉体填充改性聚丙烯复合材料的制备及性能研究

一、实验目的

① 了解无机填料的表面改性原理和方法。
② 掌握纳米粉体填充改性聚丙烯树脂的机理和制备原理。
③ 了解纳米碳酸钙填充聚丙烯树脂的工艺过程和影响因素。
④ 掌握高分子复合材料的性能测试和表征方法。

二、实验原理

聚丙烯（PP）树脂是以丙烯为单体原料，通过加聚反应制得的一类通用高分子材料。作为四大通用型热塑性树脂之一，聚丙烯树脂具有耐化学性、耐热性、电绝缘性、高强度力学性能和良好的高耐磨加工性能等优异性能，并因其性能均衡、原料易得和成本较低而广泛地应用于生产制造和社会生活的方方面面中。但是聚丙烯是部分结晶高分子，在常规的生产制造过程中所制备的聚丙烯晶体结晶不完善，从而导致其拉伸强度、冲击强度和断裂伸长率等力学性能有所下降。

通过在聚丙烯树脂中填充纳米粉体可以提升聚丙烯加工应用性能，扩大其应用范围。纳米级无机粉体所具有的小尺寸效应、表面界面效应、量子尺寸效应、宏观量子隧道效应，及其在高温高压下的稳定性等良好的性能，可以改变聚丙烯的结晶行为，对聚丙烯的成核有促进作用，从而提高结晶速率和结晶度。同时纳米无机填料的加入也会使晶体的颗粒尺寸细微化，提升聚丙烯树脂的刚性。除此之外，无机材料的填充也能起到降低成本的作用。碳酸钙价格低廉、来源广泛，且相对密度较小，因此本实验采用纳米碳酸钙作为无机填充材料。

为了尽可能地提升聚丙烯的结晶性能和降低成本，就必须增加填充的无机填料用量。但是由于本次实验所选用的纳米碳酸钙粉体为无机材料，聚丙烯树脂为有机材料，两者的化学性质并不相近。因此为了提高纳米碳酸钙和聚丙烯树脂的相容性和结合力，就必须对纳米碳酸钙进行改性，改变其表面的物理化学性质。纳米碳酸钙的表面改性根据机理分为物理改性和化学改性。物理改性是通过物理包覆或表面吸附等方式在纳米碳酸钙表面涂覆一层新的物质；化学改性则是通过取代、水解、接枝、聚合等化学反应使纳米碳酸钙表面的极性降低或出现新的官能团。经过改性的碳酸钙粉体会在其表面形成一种特殊的包层结构，能显著提升其在聚丙烯中的亲和性和分散性，防止纳米粉体因粒径过小而团聚。更重要的是，纳米碳酸钙表面特殊的包层能与聚丙烯树脂基体间产生界面效应，从而提升复合材料的抗冲击性能。

目前，常用的表面改性剂主要包括硅烷偶联剂、钛酸酯、铝酸酯和硬脂酸等。表面改性剂的选择和用量都会影响纳米碳酸钙表面改性的效果。多种改性剂的复配还能起到协同作用，提升改性效果。表面改性剂的用量可以根据单分子层理论，通过经验公式进行计算：

表面改性剂用量（g）=填料用量（g）×填料表面积（m^2）/表面改性剂最小包覆面积（m^2）

本实验以聚丙烯树脂为基体，以经过硬脂酸改性的纳米碳酸钙为无机粉体填料，采用共混挤出造粒的方法制备纳米粉体填充的聚丙烯复合材料，并探究不同填料用量对聚丙烯的拉伸强度、弯曲强度、冲击强度、熔体流动速率、断裂伸长率和结晶形态的影响。

三、实验仪器和材料

1. 仪器

高速混合机、双螺杆挤出机、注塑机、万能材料试验机、简支梁冲击试验机、偏光显微镜、熔体流动速率仪。

2. 材料

等规聚丙烯、纳米碳酸钙、硬脂酸钙。

四、实验步骤

1. 纳米碳酸钙的表面改性

按照 100∶3 的份数分别称取碳酸钙、硬脂酸钙。将称量好的原料加入高速混合机中，低速混合 3～5min。混合均匀后，将高速混合机温度调至 100℃，并将转速调至 3000r·min^{-1}，搅拌 10min。搅拌完成后，打开高速混合机出料口，即可获得表面改性的纳米碳酸钙。

2. 纳米碳酸钙填充聚丙烯复合材料的制备

按照 100∶10、100∶15、100∶20、100∶25、100∶30、100∶35、100∶40 的份数分别称取聚丙烯和改性后的纳米碳酸钙，用高速混合机混合均匀后，通过双螺杆挤出机熔融共混、挤出造粒。挤出机各区温度分别为 195℃、210℃、220℃、215℃、210℃、205℃；熔体温度为 190℃；主机频率为 28Hz；喂料频率为 11Hz。

3. 纳米碳酸钙填充聚丙烯复合材料的性能表征

挤出的纳米碳酸钙填充聚丙烯粒料经干燥后用注塑机制成标准样条。

按照 GB/T 1040.1—2018 进行拉伸性能测试，拉伸速度为 50mm·min^{-1}；

按照 GB/T 9341—2008 进行弯曲性能测试，压制速度为 2.0mm·min^{-1}；

按照 GB/T 1043.2—2018 进行简支梁冲击强度测试；

按照 GB/T 3682.1—2018 进行熔体流动速率测试，实验温度为 230℃，砝码质量为 2.16kg，时间间隔为 10～30s；

利用偏光显微镜观察纳米碳酸钙填充聚丙烯复合材料的结晶形态。

五、数据记录和处理

分别测试和记录所制纳米碳酸钙填充聚丙烯复合材料的拉伸强度、弯曲强度、冲击强度、熔体流动速率、断裂伸长率和结晶形态，并讨论填料与基体用量配比对材料性能和结晶形态的影响，并将结果记录于表 4-1 中。

表 4-1　纳米碳酸钙填充聚丙烯复合材料的性能

编号	改性碳酸钙用量/phr①	聚丙烯/phr①	拉伸强度/MPa	弯曲强度/MPa	冲击强度/kJ · m^{-2}	熔体流动速率/g · 10^{-1}min^{-1}	断裂伸长率/%	结晶形态
1	10	100						
2	15	100						
3	20	100						
4	25	100						
5	30	100						
6	35	100						
7	40	100						

① phr 表示每 100 份（以质量计）橡胶（或树脂）中添加填料的份数。

六、实验注意事项

① 高速混合机在使用过程中及高温下严禁打开机盖。

② 在操作挤出机的过程中应避免金属杂质、工具等掉入机器进料口中，以避免造成螺杆损坏。

七、思考题

① 对无机填料进行表面改性的方法有哪些，以及它们各自的原理是什么？

② 纳米碳酸钙粉体填料对产品性能有什么影响，机理是什么？

③ 查阅文献，运用所学知识分析如何实现高填充无机填料聚丙烯树脂的制备。

参考文献

[1] 李善吉，谢鹏波，袁宁宁，等. 复合无机填充剂对聚丙烯力学性能的影响研究. 广东化工，2019. 46（18）：62-64.

[2] 李良钊，张秀芹，罗发亮，等. 改性纳米碳酸钙-聚丙烯复合材料的结构与性能研究. 高分子学报，

2011（10）：1218-1223.
[3] 石璞，陈浪，钟苗苗，等. 高组分纳米碳酸钙填充聚丙烯及增韧机理. 高分子材料科学与工程，2015. 31（10）：69-74.
[4] 文自桢，马少立，段平. 纳米碳酸钙的合成、改性以及应用进展. 江西建材，2021（08）：2-4，6.
[5] 蒲侠，陈金伟，张桂云，等. 高分子材料加工工程实验指导. 北京：中国石化出版社，2020.

实验三十二 高透明聚丙烯的制备及光学性能测定

一、实验目的

① 了解高透明聚丙烯的改性原理和制备方法。
② 掌握聚合物光学性能的测试和表征方法。

二、实验原理

透明高分子材料是指在日常光线中透光率在 80%以上的高分子材料。透明聚丙烯（TPP）是一种以聚丙烯树脂为基体的透明高分子材料，其所具有的透明性和光泽性可与传统的透明高分子材料，如聚氯乙烯（PVC）、聚对苯二甲酸乙二酯（PET）和聚苯乙烯（PS）等相媲美。同时，透明聚丙烯所具有的耐高温性能（热变形温度一般高于 110℃）、价格低廉和易于加工等优点也使其在与传统透明高分子材料的竞争中极具优势。

具有透明性的高分子材料必须在其微观结构上满足以下两个条件之一：高分子材料本身为非晶态且无杂质和疵痕；或者结晶高分子的晶粒尺寸小于可见光波长，使其晶区与非晶区的折射率相近。聚丙烯为部分结晶聚合物，熔融结晶速度慢，且晶核较少，容易形成较大的球晶。例如均聚的聚丙烯球晶尺寸约为 60μm，大于可见光的波长，使得可见光入射时被反射，透明度降低。此外，聚丙烯晶区与非晶区的折射率差异过大，入射光在两相界面处发生散射，也会导致其透明度下降。

从结构出发，对聚丙烯增加透光率和光泽性，可以从控制结晶度和晶粒尺寸、提高晶体在非晶区分布的均匀性和控制晶型的方向入手。透明聚丙烯主要通过以下几种方法进行生产制造：添加透明成核剂、直接合成低结晶度聚丙烯、共混增透和工艺条件控制。

1. 加入透明成核剂

在聚丙烯加工阶段共混加入透明成核剂是目前应用最广泛的透明改性方法。加入的透明成核剂起到了异相成核的作用，成核剂作为额外的活性位点使晶核的数量大幅度增加，加快结晶速率。同时，晶核数量的增加也会使球晶尺寸下降并均一化。常见的透明成核剂有有机磷酸盐类成核剂和山梨醇类成核剂。有机磷酸盐类成核剂在增加聚丙烯透光性的同时还能增加其刚性和热稳定性，但其成本较高和增透效果相对更低；山梨醇类成核剂的增透效果良好，也能提升聚丙烯的刚性和热变形温度，对产品的外观色泽也有一定程度的改善，但有些山梨醇类化合物会发出醛化合物的气味，因此限制了该类成核剂在食品医疗领域的应用。外加透明成核剂的方法工艺简单、灵活性好，还能提升树脂的力学性能，是目前工业化最成熟的透明改性方法。

2. 直接合成透明聚丙烯

直接合成透明聚丙烯的方法是在聚丙烯合成过程中添加特定的催化剂和适当的共聚单体，以此控制聚丙烯树脂的分子量和晶体结构，从而实现聚丙烯的透明性。常见的催化剂有 Ziegler-Natta（Z-N）催化剂和茂金属催化剂。Z-N 催化剂通常用于催化聚合含少量共聚单体的聚丙烯。所使用的共聚单体一般为聚乙烯，聚乙烯共聚单体的加入降低了聚丙烯树脂的规整性，抑制结晶，使聚丙烯的结晶度下降，减少对可见光的反射和折射，提高透明度。或者也可以对 Z-N 催化剂进行特殊制备，直接合成无规结构的聚丙烯树脂。

茂金属催化剂是一种性能更好的透明改性催化剂，能催化聚合 Z-N 催化剂不能聚合的新型聚烯烃，如丙烯/苯乙烯的无规嵌段共聚物、丙烯/环烯烃共聚物等。茂金属催化剂可以在分子层面上控制聚丙烯的结构，获得立体规整度聚丙烯树脂，且合成的聚丙烯具有良好的力学性能。但是茂金属催化技术难度较大、成本较高，其工业化进程还在不断推进中。

3. 共混增透改性

共混增透的机理与添加透明成核剂的机理基本一致，共混组分在聚丙烯树脂中也是起到了异相成核的作用。所选增透改性共混组分的折光率要与聚丙烯相近，且相容性要好，否则需要加入表面改性剂来增加相容性。对聚丙烯进行增透改性的共混组分一般有聚甲醛（POM）、低密度聚乙烯（LDPE）、尼龙（PA）等。低密度聚乙烯与聚丙烯部分相容，同时也能阻止聚丙烯结晶和降低其球晶尺寸。尼龙与聚丙烯的相容性较差，需要加入少量马来酸酐接枝改性聚丙烯来增加它们的相容性。使用共混增透改性方法的局限性较大，应用较少。

4. 工艺条件控制

使用较低的加工温度和较快的冷却速度可以提升聚丙烯的透明度。较低的加工温度可以使得残留在聚丙烯熔体中的原有晶核增多，加快结晶速率，减小晶体尺寸。较快的冷却速度可以使聚丙烯形成较多的拟六方晶型，降低聚丙烯的结晶度，增加球晶数量和减小球晶尺寸。另外，聚丙烯薄膜的双向拉伸可以使原有的结晶颗粒破碎，使聚丙烯晶体尺寸减小，提高透明度。值得注意的是，若使用山梨醇类的透明成核剂时则需提高加工成型温度，使成核剂能完全熔融并均匀地分散在聚合物基体中，形成纤维状网络，提高成核密度。

高分子材料的透明度一般通过透光率和雾度进行测定。透光率是透过材料的光通量和入射的光通量之比；雾度是透明或半透明材料不清晰的程度，用以表征材料内部或表面由于光散射造成的云雾状或浑浊外观，以散射的光通量与透过材料的光通量之比来表示。

本实验通过加入透明成核剂的方法来合成高透明聚丙烯树脂，并探究不同成核剂用量对聚丙烯光学性能的影响，得出最佳的成核剂加入量。

第四单元

三、实验仪器和材料

1. 仪器

高速混合机、双螺杆挤出机、注塑机、积分球雾度计。

2. 材料

聚丙烯、山梨醇类 NA-S25 成核剂、1010 抗氧化剂、168 抗氧化剂、硬脂酸钙。

四、实验步骤

1. 高透明聚丙烯的制备

称取 1000g 聚丙烯、1g 1010 抗氧化剂、1g 168 抗氧化剂，高速混合后挤出造粒，作为空白对照样。根据上述配比聚丙烯的投料量，分别称取质量分数为 0.1%、0.2%、0.3%、0.4%、0.5%的 NA-S25 成核剂，用高速混合机混合 5min，将混匀的原料加入双螺杆挤出机中挤出造粒。挤出机各区温度分别为 180℃、210℃、210℃、220℃；机头温度为 195℃；主机频率为 21Hz；喂料频率为 21Hz。

2. 高透明聚丙烯光学性能的测定

将样品注塑制成厚度为 1mm、直径为 120mm 的圆片。每组实验样品取 5 个平行试样，按照 GB/T 2410—2008，用积分球雾度计进行透光率和雾度的测试。

积分球雾度计操作步骤：

① 开启仪器，预热 20min 以上。

② 放置标准板，调检流计为 100 刻度；挡住入射光，调检流计为 1，反复调 100 和 0 直到稳定，即 T_1 为 100。

③ 放置试样，此时透过的光通量在检流计上的刻度为 T_2；去掉标准版，置上陷阱，在检流计上所测出的光通量为试样与仪器的散射光通量 T_4；再去掉试样，此时检流计所测出的光通量为仪器散射光通量 T_3。

④ 按照③重复测定试样。

五、数据记录和处理

实验数据处理如下。

① 透光率 T_t：T_t（%）$=100T_2/T_1$

② 漫散射透射率 T_d：$T_d=(T_4-T_3T_2)/T_1$

③ 雾度值 H：H（%）$=100T_d/T_t$

将所测实验参数记录于表中，并绘制透光率和雾度随成核剂添加量变化的曲线图，分析成核剂添加量对高透明聚丙烯光学性能的影响及其最佳添加量。

六、实验注意事项

① 选择的试样应均匀无气泡，测量表面应平整光滑且平行，无划伤、异物和油污。
② 每组试样圆片的厚度和半径应尽量相同。

七、思考题

① 用不同波长对同一种透明高分子材料进行透光率测定，测定结果是否相同？
② 影响透光率测定结果的因素有哪些？
③ 如何提高聚合物制品的透明度和降低它们的雾度？

参考文献

[1] 董莉，李丽，王帆，等. 高光泽透明聚丙烯的研究进展. 合成树脂及塑料，2018，35（3）：90-95.
[2] 李安琪. 高弹透明聚丙烯的制备与性能研究. 北京：北京化工大学，2018.
[3] 吕磊. 高透明耐低温高韧聚丙烯材料研究. 北京：北京化工大学，2016.
[4] 李馥梅. 透明聚丙烯的制备方法及性能控制因素. 塑料科技，2004（05）：39-45.
[5] 吴智华. 高分子材料加工工程实验教程. 北京：化学工业出版社，2004.

实验三十三　保险杠用改性聚丙烯的制备及力学性能的测定

一、实验目的

① 了解保险杠所用的材料种类及其所需具备的性能。
② 熟悉并掌握聚合物材料的增韧方法和机理。

二、实验原理

汽车保险杠的质量关系着人们的行车安全。保险杠在汽车发生碰撞之后，可以吸收碰撞能量，缓冲撞击的冲击力并将其分散到车身的各个部位，避免汽车局部产生较大的变形，从而保障乘客安全。因此，在选择保险杠所用材料时对其强度和耐冲击性能有着很高的要求。在 20 世纪 80 年代之前，汽车保险杠以金属材料为主，通常是钢板冲压成型后将其铆接或者焊接在车架上。而随着高分子材料的高速发展，传统的金属保险杠逐渐被塑料保险杠所取代。相比于金属材料，高分子材料具有加工方便、价廉质轻、抗腐蚀、耐磨损、弹性与抗冲击性能更高等优点，在生产制造和保障安全方面都更具优势。

保险杠最常用的高分子基材是聚丙烯（PP）和聚碳酸酯（PC），大部分的研究都集中于对这两种材料的增强增韧改性上，其余的研究有片状模塑复合材料（SMC）和玻璃纤维增强热塑性塑料（GMT）等。用于保险杠的改性聚丙烯主要有 PP/橡胶增韧体系[如三元乙丙橡胶（EPDM）和天然橡胶共混等]和 PP/热塑弹性体增韧体系[如聚烯烃弹性体和聚甲醛（POM）共混等]等，其中又以 PP/EPDM 共混体系应用最为广泛。

PP 和 EPDM 共混时一般还需要进行动态硫化处理，所制备的热塑性动态硫化橡胶（TPV）是一种特殊的共混型热塑弹性体。TPV 中交联的橡胶相会在共混的过程中被剪切细化，分散在塑料的连续相中，这种“海-岛”多相结构不仅使 TPV 具有硫化橡胶的抗冲击性、回弹性，还具有塑料良好的加工性能和可重复利用性。TPV 的增韧机理普遍使用银纹理论来进行解释。在受到外力时，TPV 中的应力场是不均匀的，材料中作为“岛”结构的橡胶粒子起到了应力集中的作用，使橡胶粒子表面引发银纹。材料在强应力的作用下会产生大量的银纹，诱发的银纹会沿着主应变的方向生长。若生长的银纹前锋处应力集中效应低于临界值或银纹遇到了另一个橡胶粒子，则银纹就会终止，而不会发展为破坏性的裂纹。且产生的大量微小银纹会吸收大量的能量，因此材料的冲击性能得以提高。

虽然随着 EPDM 的引入，高分子材料的韧性、抗冲击性能会大幅度上升，但材料的刚性和模量却会迅速下降。制备 PP/EPDM 共混材料时往往还会加入滑石粉等无机填料来保持材料的硬度。使用滑石粉填充塑料可以提升材料的弯曲强度和弯曲模量、提升尺寸稳定性、改善收缩率和抗翘曲性、提高塑料的表面硬度。

本实验采用动态硫化的方法制备 PP/EPDM 热塑性动态硫化橡胶，并将滑石粉作为无机填料加入 TPV 中，分别对 PP、EPDM、PP/EPDM 和 PP/EPDM/滑石粉进行拉伸强度、弯曲强度、冲击强度、断裂伸长率的测试，探究橡胶增韧和无机填料改性对 PP 力学性能的影响。

三、实验仪器和材料

1. 仪器

高速混合机、双辊开炼机、平板硫化仪、万能试验机、简支梁冲击试验机、邵氏硬度计、熔体流动速率仪。

2. 材料

聚丙烯、三元乙丙橡胶、双叔丁基过氧化二异丙基苯（BIPB）、三烯丙基异氰酸酯（TAIC）、硬脂酸锌（$ZnSt_2$）、1010 抗氧化剂、滑石粉。

四、实验步骤

1. PP/EPDM 高分子合金和 PP/EPDM/滑石粉复合材料的制备

首先在低温下将 60phr 的 EPDM、0.5phr 的 BIBP 硫化剂、2phr 的 TAIC 助硫化剂、适量的 $ZnSt_2$ 润滑剂在双辊开炼机中进行预混料，下料待用。然后将 40phr 的 PP 和 0.1phr 的 1010 抗氧化剂加入 165℃的热辊开炼机上充分塑化，再加入 EPDM 预混料，动态硫化 15min。将硫化完成的 PP/EPDM 胶料置于 165℃的平板硫化仪中热压 10min，冷压 10min 后制成标准样条待用。

同上述步骤称取相同份数的物料进行混炼，并在动态硫化 5min 后加入 25phr 的滑石粉，继续在165℃下混炼10min。同样将获得的PP/EPDM/滑石粉胶料用平板硫化仪热压后制成标准样条待用。

2. PP、EPDM、PP/EPDM高分子合金和PP/EPDM/滑石粉复合材料的性能表征

分别将PP、EPDM、PP/EPDM高分子合金和PP/EPDM/滑石粉复合材料按标准制成实验样条。

按照GB/T 1040.1—2018进行拉伸性能测试，拉伸速度为50mm·min^{-1}；

按照GB/T 9341—2008进行弯曲性能测试，压制速度为2.0mm·min^{-1}；

按照GB/T 1043.2—2018进行简支梁冲击强度测试；

按照GB/T 23651—2009进行硬度测试；

按照GB/T 3682.1—2018进行熔体流动速率测试，实验温度为230℃，砝码质量为2.16kg，时间间隔为10～30s。

五、数据记录和处理

① 分别测试和记录PP、EPDM、PP/EPDM高分子合金和PP/EPDM/滑石粉复合材料的拉伸强度、断裂伸长率、弯曲强度、冲击强度、硬度、熔体流动速率，绘制成表格。

② 根据所测数据结果分析橡胶共混和添加无机填料对材料性能的影响并分析其作用原理。

六、实验注意事项

① 为预防伤害，混炼时禁止戴手套；送料时手应握做拳状，不要与辊筒发生直接接触。注意不要让衣袖、头发等卷入辊筒。

② 使用平板硫化仪时应佩戴手套，以防烫伤。

七、思考题

① 橡胶硫化的本质是什么，影响硫化效果的因素有哪些？

② 热塑弹性体的种类有哪些，它们分别有什么特点？

③ 有时填料的加入对材料性能的提升并不明显，如何改善填料对材料性能提升的能力？

参考文献

[1] 闻杰. EPDM/PP TPV的制备及应用研究. 无锡：江南大学，2021.

[2] 卫金皓，王立岩，汪子翔，等. 动态硫化三元乙丙橡胶/聚丙烯热塑性弹性体研究进展. 合成橡胶工业，2021，44（04）：320-324.

[3] 黄凯，廖秋慧，陈杰. 汽车保险杠专用复合材料及其成型工艺研究进展. 合成树脂及塑料，2017，34（05）：87-91.

[4] 符若文，李谷，冯开才. 高分子物理. 北京：化学工业出版社，2014.

实验三十四　仿木塑料材料的制备及老化性能测定

一、实验目的

① 了解仿木塑料材料的种类和制备方法。
② 掌握改善木塑界面间相容性的原理和方法。
③ 掌握高分子材料老化性能的测定方法。

二、实验原理

随着社会的发展和科技的进步，环境问题逐渐引起了人们的重视。面对科技发展所带来的对木材需求日益增长与全球森林资源日趋枯竭之间的矛盾，寻求一种具有木材外观性能的替代品显得尤为重要。因此，木塑复合材料（WPC）应运而生。木塑复合材料是一种将木质纤维填料和聚合物材料复合而制得的复合材料。其中，木粉来源于废旧木材、刨花、木屑等木材边角料，聚合物材料则可以用热塑性塑料（包括废弃塑料）作为主要原料。木塑复合材料兼具了木材和塑料的优点，不仅具有木材的木纹质感、价廉、质轻、对设备磨损性小、可生物降解等优点，同时兼具塑料的防潮、防腐蚀、抗压耐磨、高韧性、抗疲劳等性能。目前，仿木塑料已经广泛地应用于地板、门窗等建材领域。

目前，商用的仿木木塑材料主要以聚丙烯（PP）、聚乙烯（PE）、聚氯乙烯（PVC）等熔融温度低于 200℃的塑料为基体。但由于聚氯乙烯燃烧时会产生氯化氢等有害气体，且表面耐磨性、耐高温性和抗冲击性相对较差，以聚丙烯为基体的木塑材料逐渐在市场上占据主流。

部分仿木塑料制品相关专利如表 4-2 所列。

表 4-2　部分仿木塑料制品相关专利

专利名称	专利号
仿木 PVC 膜	CN202023066008.8
一种家具专用仿木复合塑料及制备方法	CN202010669603.6
一种杨木纤维制备高性能木塑复合材料	CN202110859502.X
一种利用 PP 废料制备木塑复合板材的方法	CN202011362603.8
一种木塑发泡层复合地板	CN202110394004.2

木塑复合材料的制备首先需要解决的是相容性问题。从分子结构上看，木质纤维的表面存在大量的羟基，这意味着其具有很强的极性，而大部分常用的塑料基体，如 PP、PE 等都为非极性分子，这使得木质纤维与塑料基体界面之间存在较高的能差，降低了木塑复合材料的界面黏结力和木质纤维在塑料基体中分散的均匀性。提高木塑复合材料的界面相

容性可以从木质纤维预处理和表面改性、添加界面相容剂和聚合物基体改性三个方面入手。对木质纤维进行干燥、碱处理、酯化和醚化改性以及表面接枝改性，都能提高木质纤维与聚合物基体的相容性。聚合物基体改性则是通过增加其表面能来实现，通常使用化学改性的方法使聚合物分子表面生成羧基、羟基等不饱和极性基团，或者使用电离辐射在聚合物基体表面接枝单体或低聚物来改善聚合物的亲水性和耐油性。然而，上述两种方法皆存在操作困难和成本高昂等缺点，因此，添加界面相容剂成了提高木塑材料界面黏结力的首选方法。界面相容剂应当至少具有两种功能性的基团：一种基团可与聚合物基体缠结或部分结晶，另一种基团具有较强极性，可与木质纤维形成共价键、离子键或者氢键等。界面相容剂中应用最为广泛的是马来酸酐接枝聚合物。马来酸酐价格便宜，分子中的双键可以使其轻易地与聚合物接枝，所具有的酸酐结构也使其能与木质纤维通过氢键或共价键结合，从而带来良好的界面改性效果。

木塑材料中常用的聚丙烯基体综合性能优、性价比高，但由于聚丙烯分子链主链上存在大量的叔碳原子，会在热氧化的作用下脱氢，导致材料老化。而将木粉作为共混填料，对聚丙烯基体具有屏蔽保护作用，使得木粉内部抗老化性能提升。实验室中普遍使用热老化、臭氧老化、大气老化、光老化等测试，通过比较老化前后的性能差异来表征高分子复合材料的抗老化性能。

本实验以马来酸酐接枝聚丙烯为界面相容剂，制备木粉/聚丙烯仿木复合材料，并通过热老化测试和老化前后材料的力学性能比较来表征该复合材料的抗老化性能，探究木粉投料量对聚丙烯树脂本身力学性能及抗老化性能的影响。

三、实验仪器和材料

1. 仪器

高速混合机、双螺杆挤出机、注塑机、万能材料试验机、鼓风烘箱。

2. 材料

聚丙烯、马来酸酐接枝聚丙烯、木粉、硬脂酸。

四、实验步骤

1. 木粉/聚丙烯仿木复合材料的制备

先将木粉在80℃烘箱内干燥24h，每两小时翻搅一次，木粉在托盘中的厚度应小于4cm。再分别以聚丙烯树脂质量的10%、20%、30%、40%称量木粉，每份再以聚丙烯树脂质量的5%称量马来酸酐接枝聚丙烯和1%称量硬脂酸，按比例分别加入高速混合机中混合8min。混合均匀的物料加入双螺杆挤出机中熔融挤出造粒。挤出机各区温度在180～200℃之间。

2. 木粉/聚丙烯仿木复合材料老化性能的测试

挤出的木粉/聚丙烯仿木复合材料粒料经干燥后用注塑机制成标准样条，每份样品各准备至少10条样条，5条测试其老化前的力学性能，5条测试其老化后的力学性能。

第四单元

按照需求将鼓风烘箱调至合适的老化温度，并选择适宜的老化时间。老化温度一般大于50℃且小于材料的热分解温度，老化时间一般大于10h。热老化结束后取出试样，在室温下放置4h再进行老化后的力学性能测定。

按照GB/T 1040.1—2018进行拉伸性能测试，拉伸速度为50mm·min^{-1}。

五、数据记录和处理

① 记录老化前后的试样外观和力学性能，绘制成表格。

② 根据老化前后试样的外观和力学性能差异分析木粉投料量对聚丙烯树脂抗老化性能的影响。

六、实验注意事项

① 鼓风烘箱应使用较精准的温控器，老化过程中尽量不要打开箱门，以保证温度波动尽可能小。

② 热老化选择的实验温度应在不改变老化机理的情况下尽可能提高，以在较短时间内获得可靠的实验结果。老化的实验温度可参照TGA等其他热分析方法的结果进行设置。

七、思考题

① 查阅文献，试述仿木塑料材料的种类和制备方法。

② 讨论总结影响高分子材料老化性能的因素。

③ 列举日常生活中容易老化的高分子材料。

参考文献

[1] 蔡培鑫. PP木塑复合材料性能及其影响因素的研究. 杭州：杭州师范大学，2012.

[2] 万玲艳. PVC/木粉塑木复合材料的制备、结构与性能. 郑州：郑州大学，2010.

[3] 王茹. 木粉填充聚丙烯复合材料的制备和性能研究. 上海：华东理工大学，2011.

[4] 吕群，李伟，周云，等. 一种外观似木的PP基木塑复合材料的生产技术研究. 化学建材，2008，24（01）：16-19.

[5] 肖汉文，王国成，刘少波. 高分子材料与工程实验教程. 北京：化学工业出版社，2015.

实验三十五　无卤阻燃聚丙烯制备及阻燃性能测定

一、实验目的

① 了解高分子材料阻燃改性的方法和原理。

② 了解高分子材料氧指数测定的基本原理。

③ 掌握氧指数测定仪的操作和对所得数据的分析方法。

二、实验原理

聚丙烯是一种极易燃烧的高分子材料，极限氧指数仅有17.5%，且其燃烧时发热量大，伴有熔融液滴的滴落，极易产生流延起火的现象，因此要拓宽聚丙烯的使用范围必须对其进行阻燃改性。对聚丙烯进行阻燃改性主要包括添加阻燃剂改性和填充阻燃改性。但填充阻燃改性一般在填充组分的含量高于50%时才表现出较好的阻燃性能，这会对复合材料的力学性能和加工性能产生较大的影响，因此阻燃改性还是以添加阻燃剂为主。阻燃剂按照有无卤素可分为含卤阻燃剂和无卤阻燃剂。其中，无卤阻燃剂又包括铝-镁系阻燃剂、磷系阻燃剂和膨胀型阻燃剂。膨胀型阻燃剂（IFR）是目前最成熟和高效的阻燃剂之一。

膨胀型阻燃剂根据作用机理可分为物理膨胀型阻燃剂和化学膨胀型阻燃剂。物理膨胀型阻燃剂以可膨胀石墨为主。可膨胀石墨受热时插层化合物会迅速气化，使可膨胀石墨沿碳轴方向受力膨胀，从而覆盖在聚合物表面，形成绝缘层。绝缘层既能阻止燃烧热量向聚合物基体扩散，又能阻止聚合物受热产生的气体向外扩散。化学膨胀型阻燃剂主要有脱水剂（酸源）、成炭剂（碳源）和发泡剂（气源）组成。当材料受热燃烧后，成炭剂在脱水剂和受热作用下脱水炭化，接着被发泡剂所产生的无毒且不可燃气体发泡，并在反应进行的后期固化形成多孔膨胀型炭层。生成的多孔炭层起隔绝热量传导和阻隔可燃性气体扩散的作用，从而提升高分子复合材料的阻燃性能。常用的酸源有聚磷酸铵（APP）、三聚氰胺聚磷酸盐（MPP）等；常用的碳源有季戊四醇（PER）、三嗪类衍生物等；常用的气源有APP、三聚氰胺（MEL）等。

高分子材料的阻燃性能一般可以通过氧指数测试、水平燃烧测试、垂直燃烧测试三种方法来表征。本实验将采用氧指数测试来表征无卤阻燃聚丙烯的阻燃性能。氧指数测定仪如图4-1所示。氧指数测定仪主要由玻璃燃烧筒、试样夹、气体流量检测系统和控制系统组成，并配有气源、点火器、排烟系统、计时装置等。

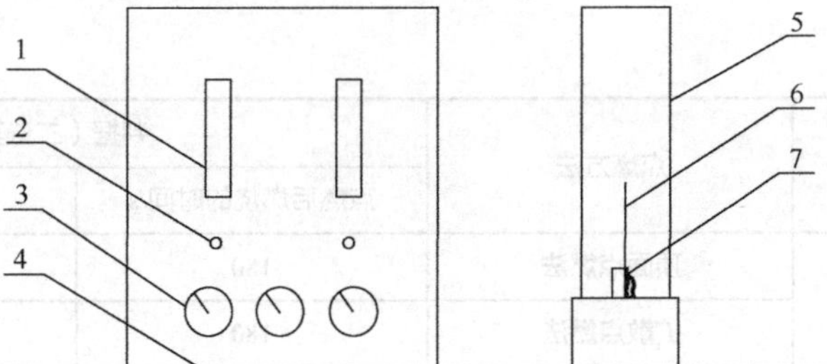

图4-1　氧指数测定仪

1—转子流量计；2—流量调节阀；3—N_2和O_2压力表；4—稳压阀；5—玻璃燃烧筒；6—试样；7—试样夹

氧指数的测试方法是将一定尺寸的试样用试样夹垂直固定于通有按一定比例混合向上流动的氮氧气流的透明燃烧筒内，点燃试样的顶端，并观察试样的燃烧特性，把试样连续燃烧时间或试样燃烧长度与给定判据进行比较，通过在不同氧浓度下的一系列实验估算燃烧所需氧浓度（*OI*）的最小值。一般认为，*OI*<27 的为易燃材料，27⩽*OI*<32 的为可燃材料，*OI*⩾32 的为难燃材料。试样的点燃方式有两种：顶面点燃法和扩散点燃法。顶面点燃法是将火焰的最低部分施加于试样的顶面，可使火焰覆盖整个顶面，但不能对着试样的垂直面或棱。施加火焰 30s，每 5s 移开一次，移开时恰有足够时间观察试样整个顶面是否处于燃烧状态。在每增加 5s 后，若观察到整个试样顶面持续燃烧，立即移开点火器，此时试样被点燃并开始记录燃烧时间和燃烧长度。若 30s 内未被点燃则增加氧浓度，重复上述操作至试样被点燃。扩散点燃法是把可见火焰施加于试样顶面并下移至垂直面近 6mm 附近。连续施加火焰 30s，每 5s 检查试样的燃烧中断情况，直到垂直面处于稳态燃烧或可见燃烧部分达到支撑框架的上标线为止，达到上标线时认为试样被点燃。

不同的高分子材料按标准制成不同的试样尺寸，根据试样尺寸的不同选用不同的点燃方法。试样类型和试样尺寸如表 4-3 所示，氧指数测量的判据如表 4-4 所示。

表 4-3　试样类型和试样尺寸

试样形状	尺寸			用途
	长度/mm	宽度/mm	厚度/mm	
Ⅰ	80～150	10 ± 0.5	4 ± 0.25	用于模塑材料
Ⅱ	80～150	10 ± 0.5	10 ± 0.5	用于泡沫材料
Ⅲ	80～150	10 ± 0.5	⩽10.5	用于片材
Ⅳ	70～150	6.5 ± 0.5	3 ± 0.25	电器用自撑模塑材料或板材
Ⅴ	140	52 ± 0.5	⩽10.5	用于软膜或软片
Ⅵ	140～200	20	0.02～0.10	用于能用规定的杆缠绕薄膜

注：1. Ⅰ、Ⅱ、Ⅲ、Ⅳ型试样适用于自撑材料，Ⅴ型适用于非自撑材料；Ⅵ型适用于缠绕后能自撑的薄膜，表中的尺寸是缠绕前原始薄膜的形状。

2. 不同形状、不同厚度试样的测试结果不可进行比较。Ⅲ和Ⅴ所得结果也仅能在相同形状与厚度下进行比较。

表 4-4　氧指数判据

试样类型	点燃方法	判据（二选其一）	
		点燃后燃烧的时间/s	燃烧长度
Ⅰ、Ⅱ、Ⅲ、Ⅳ和Ⅵ	顶面点燃法	180	试样顶端以下 50mm
	扩散点燃法	180	上标线以下 50mm
Ⅴ	扩散点燃法	180	上标线（框架上）以下 80mm

注：不同点燃方法所测的氧指数没有可比性。

本实验将一定配比的 APP 和 PER 化学膨胀型复合阻燃剂加入聚丙烯树脂中，制备成无卤阻燃聚丙烯复合材料，其中 APP 既为酸源，也为气源。将所制备的无卤阻燃聚丙烯原料制成标准试样后测定其氧指数，并对其阻燃性能进行评判。

三、实验仪器和材料

1. 仪器

高速混合机、双辊塑炼机、平板硫化机、氧指数测试仪。

2. 材料

聚丙烯（PP）、聚磷酸铵（APP）、季戊四醇（PER）。

四、实验步骤

1. 无卤阻燃聚丙烯的制备

按照 70∶18∶12 的质量比分别称取聚丙烯、APP 和 PER，将称量好的原料加入高速混合机中混合 10min。然后在双辊温度为 180℃的双辊塑炼机上加入混合均匀的原料，待熔融包辊后混炼 10min。将混炼完成的无卤阻燃聚丙烯与未改性的聚丙烯分别用平板硫化机热压 10min，再于 20℃下冷压 5min，制成Ⅲ型标准样条。

2. 无卤阻燃聚丙烯氧指数测试

① 各选取 15 根以上的无卤阻燃聚丙烯与未改性的聚丙烯标准样条，在试样距顶面 50mm 处划一条标线。

② 将试样垂直地夹在试样夹上，试样的顶面距离玻璃燃烧筒的顶部应不小于 100mm。

③ 按经验或实际情况估算开始时的氧浓度。在空气中可迅速燃烧的试样起始氧浓度约为 18%；缓慢燃烧或不稳定燃烧的试样起始氧浓度定为 21%；不连续燃烧的试样起始氧浓度定为 25%。以上浓度分数皆为体积分数。

④ 调节氧气与氮气减压阀，使通入仪器的气体压力减小至允许压力范围。

⑤ 调节氧气与氮气流量阀，使氧浓度达到设定值，并以（40 ± 2）$mm \cdot s^{-1}$ 的速度通过燃烧筒。点燃前试样至少用混合气体冲洗燃烧筒 30s，确保实验期间气体流速不变。

⑥ 点燃试样后，若燃烧时间大于 3min 或者火焰燃烧超过标线则降低氧浓度，反之增加氧浓度。重复操作直至氧浓度误差小于 0.5%，记录氧浓度并按公式计算氧指数。

$$\text{氧指数}[OI]=\frac{[O_2]}{[O_2]+[N_2]}\times 100\%$$

式中，$[O_2]$为氧气流量，$L \cdot min^{-1}$；$[N_2]$为氮气流量，$L \cdot min^{-1}$。

以三次实验结果的算术平均值作为材料的氧指数，有效数字保留到小数点后一位。

注：该氧指数的测量和评价方法为简捷方法，采用 Dixon“升-降”法请参照 GB/T 2436.2—2009。

五、数据记录和处理

记录试样形状和尺寸、点燃方法、氧浓度并计算试样的氧指数，以及描述试样的燃烧特性，如滴落、焦糊、不稳定燃烧、灼热燃烧或余辉等。根据所记录的数据和现象分析评价所制备的无卤阻燃聚丙烯复合材料的阻燃性能。

六、实验注意事项

① 在进行明火操作时，测试仪器周围请勿存放易燃易爆物品。
② 注意试样是否燃烧到试样夹夹持端。
③ 制备的试样应尽量平滑，无毛刺和疵痕。

七、思考题

① 高分子材料的分子化学结构与其氧指数大小有何关系？试举例说明。
② 查阅文献，讨论并总结高分子材料阻燃改性的方法及其原理。

参考文献

[1] GBT 2406.2—2009 塑料 用氧指数法测定燃烧行为 第 2 部分：室温试验.
[2] 付钧泽，姜红，孙振文. 不同阻燃剂阻燃聚丙烯的火灾危险性分析. 工程塑料应用，2021. 49（08）：105-112.
[3] 汤维，钱立军，邱勇，等. 聚丙烯材料无卤阻燃改性研究进展. 中国塑料，2021，35（01）：136-149.
[4] 吕品. 膨胀型阻燃聚丙烯复合材料制备、性能与机理的研究. 合肥：中国科学技术大学，2008.
[5] 夏燎原. 无卤膨胀型阻燃剂和聚丙烯复合阻燃材料的制备及性能研究. 广州：暨南大学，2007.

实验三十六 聚合物合金材料的制备及性能测定

一、实验目的

① 了解高分子合金的定义、种类和特点。
② 了解高分子合金的制备方法及其性能提升原理。
③ 熟悉并掌握高分子材料的性能测定和分析方法。

二、实验原理

高分子合金（polymer alloy）一般指通过高分子间的物理、化学组合得到的高分子复合体。根据其形态结构可以分为两种：一种是通过物理机械共混成型的体系及互穿聚合物网络（IPN），各聚合物组分之间不存在化学键相连；另一种是共聚体系，包括嵌段共聚物、多嵌段共聚物和接枝共聚物等，聚合物组分之间存在化学键。

高分子合金的制备方法主要有以下几种：

① 共混法。该方法包括了机械共混、溶液共混和乳液共混；

② 互穿聚合物网络（IPN）的制备。制备 IPN 常用的方法是用含有引发剂和交联剂的单体 B，将交联的聚合物 A 溶胀，再进行聚合，使得交联聚合物 A 和 B 相互贯穿而形成交织的聚合物网络；

③ 嵌段共聚物的合成。嵌段共聚物最典型的制备方法是通过活性阴离子聚合得到 AB 两嵌段或三嵌段共聚物；

④ 接枝共聚物的合成。接枝共聚物的制备是先将聚合物 A 溶解在单体 B 中，通过引发剂引发聚合物 A 分子链上的活性基团，从而产生大分子自由基，进而引发单体 B 接枝聚合。引发剂引发单体 B 形成活性自由基后也可以向聚合物 A 分子链进行链转移，从而形成支化 B 分子链。

以两组分的高分子合金为例，高分子合金根据其相的连续性和其形态结构可以分为单相连续结构、两相交错结构和相互贯穿的两相连续结构。由于其特殊的凝聚态结构，高分子合金可以综合并发挥两组分各自的性能优势，获得综合性能优良的聚合物材料。

聚丙烯（PP）/聚乙烯（PE）共混体系是最常见的高分子合金之一。PP 和 PE 是两种十分重要的通用高分子材料。PP 具有比重小、拉伸强度高、耐磨、耐热和化学稳定性高的优点，但其柔韧性较差，在低温下的抗冲击性能弱；而 PE 则具有柔韧性好、电绝缘性能好、耐化学性、耐低温和良好的加工流动性等特点，但其耐热性较差，受到应力易开裂。在 PP 中加入 PE 进行共混改性，可以提高 PP 的柔韧性，改善其力学性能，同时也能使共混高分子合金体系保持良好的耐热性和拉伸强度。PP 和 PE 皆为结晶性高分子，但它们之间不会形成共晶，共混时会形成多相结构，如以 PP 为连续相，PE 会以小颗粒的形式分散在 PP 基体中，从而制约 PP 球晶的形成，提高其柔韧性和抗冲击强度。

高分子合金为了综合更多的实用性能，往往会选择热力学不相容的两种聚合物形成多相形态结构，以充分发挥两组分的优势性能。然而较差的相容性会导致共混体系难以达到所要求的分散程度，即使通过后期加工工艺实现均匀分散，聚合物组分也会在冷却静置或者使用过程中团聚，导致高分子合金的性能下降。因此，在设计和制备高分子合金的过程中也要考虑加入一些与各聚合物组分相容性较好的共聚物，降低两组分间的界面能，增加体系的相容性。聚丙烯（PP）/聚乙烯（PE）共混体系中通常会加入二元乙丙橡胶（EPR）作为增容剂。

本实验将一定配比的 PP 分别和低密度聚乙烯（LDPE）、线型低密度聚乙烯（LLDPE）以及高密度聚乙烯（HDPE）进行共混，并在共混过程中加入 EPR 作为增容剂，制备 PP/PE 共混体系高分子合金。探究不同种类的 PE 和不同用量的 PE 对 PP/PE 高分子的拉伸强度、弯曲强度、冲击强度、断裂伸长率和结晶过程和结晶形态的影响。

三、实验仪器和材料

1. 仪器

高速混合机、密炼机、平板硫化机、万能材料试验机、偏光显微镜、差示扫描量热仪。

2. 材料

聚丙烯、低密度聚乙烯、线型低密度聚乙烯、高密度聚乙烯、二元乙丙橡胶。

四、实验步骤

1. PP/PE 共混体系高分子合金的制备

按照表 4-5 的实验配方分别称取 PP、LDPE、LLDPE、HDPE 和 EPR，每组物料分别包括 PP、一种 PE 和 EPR，共 9 组实验。将称量好的 PP 和 PE 原料以及 EPR 增容剂加入高速混合机中混合 10min。将混合均匀的物料加入密炼机中以 190℃、60r · min^{-1} 的条件熔融共混 5min。将所得的高分子合金在平板硫化机中热压 10min，再于 20℃下冷压 5min，制成标准样条。

表 4-5 实验配方

PP/phr	LDPE/phr	LLDPE/phr	HDPE/phr	EPR/phr
80	20	20	20	3
60	40	40	40	3
40	60	60	60	3

注：phr 表示每 100 份（以质量计）橡胶（或树脂）中添加填料的份数。

2. PP/PE 共混体系高分子合金的性能测试

取 PP、PE 和实验制备的不同组分比例 PP/PE 高分子合金分别进行以下性能测试。

按照 GB/T 1040.1—2018 进行拉伸性能测试，拉伸速度为 50mm · min^{-1}。

按照 GB/T 9341—2008 进行弯曲性能测试，压制速度为 2.0mm · min^{-1}。

按照 GB/T 1043.2—2018 进行简支梁冲击强度测试。

使用差式扫描量热仪测试试样的熔融和结晶行为。运行程序：先以 10℃ · min^{-1} 的速率升温至 220℃，消除热历史；恒温 5min 后将温度降至 50℃，再以 10℃ · min^{-1} 的速率升温至 220℃，记录实验数据。

先在温度为 200～240℃的电炉上制样，后在 135℃恒温烘箱中保温 1h，再用偏光显微镜观察高分子合金的结晶形态。

五、数据记录和处理

① 记录 PP、PE 和实验制备的不同组分比例 PP/PE 高分子合金的力学性能测试、热力学性能测试和结晶形态测试的结果，绘制成表格。

② 根据所测数据分析 PE 种类和投料量对聚丙烯树脂各项性能的影响，并根据所学知识分析性能改变的机理。

六、实验注意事项

① 活动部位及密炼室堵塞时，切勿用手或铁棍伸入里面，应使用塑料棍小心处理。

② 接触密闭式练胶机高温部位时，请小心不要被烫伤。

七、思考题

① 总结聚合物增韧的机理并分析 PE 如何增韧 PP。

② 高分子合金的凝聚态结构有哪些，分别有什么特点？

参考文献

[1] 符若文，李谷，冯开才. 高分子物理. 北京：化学工业出版社，2014.
[2] 葛翠. PP/增容剂/PE 共混体系结构与性能的研究. 成都：西华大学，2014.
[3] 程康，汪锋，杜龙焰. 聚丙烯增刚材料研究进展. 广州化工，2021. 49（11）：6-9.

实验三十七　碳纤维改性高分子复合材料成型及导电特性测定

一、实验目的

① 了解碳纤维/高分子复合材料的成型方法，掌握浇筑法制备碳纤维/高分子复合材料的方法。

② 了解碳纤维改性高分子复合材料的导电特性，掌握材料导电性的测试方法。

③ 学习和实践科学研究的实验设计和条件选择。

二、实验原理

复合材料通常是一个多相复合体系，是通过先进制备技术将两种或多种不同性质的材料组分优化复合而成的新材料。复合材料设计中，一般选取的各组分材料各自具有极为不同的化学、物理性能，但各组分之间又能够实现性能互补，从而所制备的新材料不仅能保持各组分材料的性能优点，还可以获得更优异、更独特的应用性能，因此在各领域得到广泛的应用。

复合材料体系一般由基体材料和改性剂组成。复合材料的基体分为金属和非金属两大类。金属基体常用的有铝、镁、铜、合金等。非金属基体主要有热塑（热固）性合成树脂、橡胶、陶瓷等。复合材料按性能可分为结构复合材料和功能复合材料两大类。结构复合材料一般由基体材料和力学性能改性剂组成，作为承力结构使用。功能复合材料一般由基体材料和功能改性剂组成，提供除机械力学性能以外的其他物理性能，如导电、超导、磁性、压电、阻尼、摩擦、阻燃、电磁屏蔽等。

碳纤维改性高分子复合材料是新型复合材料的重要种类。碳纤维具有低密度、高强度、高模量、耐高温、优异导电性等特性，作为一种优秀的复合材料改性剂被广泛使用。当碳纤维作为增强增韧剂使用时，可以很大程度改善高分子基体的力学性能，获得高强度、高模量、高韧性、高抗冲的复合材料。当碳纤维作为导电剂使用时，可在树脂基体中形成导电网络，从而大大改善树脂基体的导电特性，在电磁屏蔽材料或导电材料领域有着重要的应用。

环氧树脂具有优良的工艺性能、力学性能和物理性能，价格低廉，是优良的热固性复合材料树脂基体，可广泛应用于机械、电气电子、航空航天、化工、交通运输、建筑等领域。短切碳纤维与环氧树脂基体混合后，可在环氧树脂基体中形成导电网络。调控碳纤维导电网络，就可调控复合材料的导电性能。

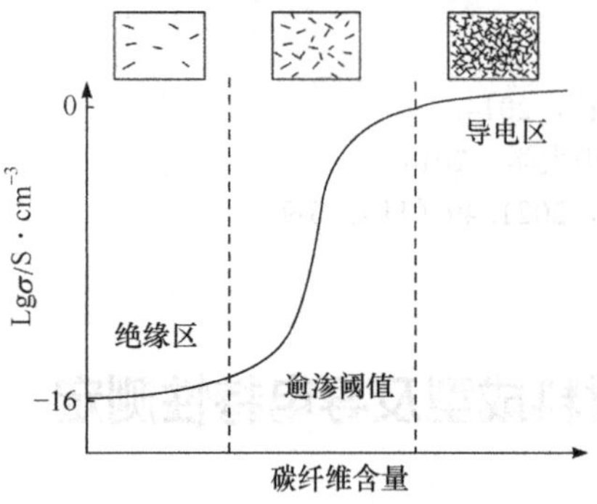

图 4-2 碳纤维/高分子复合材料的逾渗曲线

复合材料的电导率σ并不是简单地随着碳材料含量的增加而提高的。在碳纤维体积分数小于临界体积分数时，复合材料的电导率与环氧树脂基体的电导率基本相同，随碳纤维含量的增加变化较小；当碳纤维继续增加，其体积分数达到临界体积分数附近时，复合材料的电导率将随着碳纤维含量的增加而急剧提高，通常可提高达约十个数量级；当碳纤维体积分数大于临界体积分数时，复合材料的电导率随着碳纤维含量的增加而缓慢提高，并逐渐趋于稳定。短切碳纤维/环氧树脂复合材料的这种电导率变化规律是一种典型的逾渗（percolation）现象，碳纤维的临界体积分数V_c就是逾渗阈值。典型的逾渗曲线如图 4-2 所示。

本实验主要通过在环氧树脂基体中加入短切碳纤维，以改变树脂材料的导电特性，研究碳纤维/环氧树脂复合材料的成型工艺、碳纤维尺寸及含量与复合材料导电性能的关系。通过实验设计，测试和研究碳纤维/环氧树脂复合材料的逾渗曲线，对揭示碳纤维/环氧树脂复合材料的导电机理，开发不同导电特性的碳纤维/环氧树脂复合材料的应用具有重要的意义。

三、实验仪器和材料

1. 仪器

恒温磁力搅拌器、电热真空干燥箱、电热恒温鼓风干燥器、恒电位仪、电阻测量仪。

2. 材料

双酚 A 型环氧树脂 E-51、4, 4′-二氨基二苯甲烷、短切碳纤维（3mm，6mm，9mm，12mm）、硅烷偶联剂 KH-550。

四、实验步骤

1. 不同碳纤维含量的环氧树脂复合材料的制备

用塑料口杯称取 50g 液态环氧树脂，加入预定分量短切碳纤维（碳纤维含量约 0.2%～10%），（为了改善碳纤维与环氧树脂的界面相互作用，也可加入适量的偶联剂，如硅烷偶联剂 KH-550）搅拌 40min 后超声振荡 30min，在 60℃油浴中进行磁力搅拌。加入固化剂 4, 4′-二氨基二苯甲烷 12g，搅拌至固化剂分散均匀，将口杯置于 70℃真空烘箱中抽真空，待气泡消失后将树脂灌注到 Φ 10cm×2cm 的圆片模具中，再将模具抽真空 15～20min。之后置于 80℃电热恒温鼓风干燥器中反应 2h，温度升至 150℃，反应 3h 后取出，待模具冷却，取出样品。将样品打磨处理，待测试用。

2. 碳纤维/环氧树脂复合材料的导电性能测试

在电阻率测试前，将样品放置在100℃鼓风烘箱中干燥3h，以保证样品干燥，减少测试误差。将样品置于电阻率测试仪中，按照GB/T 31838.2—2019标准测定样品的体积电阻率。也可使用四点法测定样品的电阻率。

五、数据记录和处理

① 记录电阻率测试的结果，并绘制碳纤维/环氧树脂复合材料的逾渗曲线。

② 讨论分析影响碳纤维/环氧树脂复合材料导电性能的因素。

六、实验注意事项

① 测量过程中不能改变测试电压，不能改变屏蔽箱上的体积电阻。

② 试样与测量端的绝缘部分不能被污染，以保证数据准确性。

③ 实验装置使用高电压，须严格遵守操作规程，以保证安全。

七、思考题

① 影响电阻率测试准确性的因素有哪些，为什么？

② 聚合物的分子结构与电阻率有什么关系，如何对高分子材料进行导电改性？

参考文献

[1] 伏金刚，朱冬梅，罗发，等. 短切碳纤维/环氧树脂复合材料的介电性能研究. 材料导报 B，2012，26（9）：58-60.

[2] 江婧，杨佳成，邹佩君. 碳纤维增韧环氧树脂性能研究. 高科技纤维与应用，2020（5）：15-18.

[3] 黎沛彬. 环氧树脂/石墨导电复合材料制备及结构性能研究. 深圳：深圳大学，2016.

[4] GB/T 31838.2—2019　固体绝缘材料　介电和电阻特性　第2部分：电阻特性（DC方法）体积电阻和体积电阻率.

[5] 陈威. 碳纤维环氧树脂复合材料的电磁功能特性研究. 武汉：武汉理工大学，2018.

[6] 王婼楠. 碳纤维导电复合材料的制备及性能研究. 郑州：河南工业大学，2019.

实验三十八　金属与塑料的黏结及塑料表面能测定

一、实验目的

① 熟悉不同塑料的特性及其与金属黏结时胶水的选择。

② 了解塑料薄膜表面处理方法，掌握塑料表面能的测定方法。

二、实验原理

金属具有高强度、耐高温等特点，但是在某些场合还需要材料的耐磨损、绝缘、隔热、降噪和耐化学腐蚀等性能，而这些是普通金属不具备的。对特种塑料而言，可通过改性和选择更加耐高温的塑料来改善耐温与强度，但是，与金属相比，其强度与耐温还是有所欠缺。一些注塑温度较低和高流动性的材料，如聚对苯二甲酸乙二醇酯（PET）、聚苯硫醚（PPS）和高温尼龙（PPA），可以通过金属表面进行腐蚀，然后通过注塑工艺，直接将塑料与金属件进行黏结而获得金属与塑料一体的材料。但是，对于聚醚醚酮（PEEK）或者热塑性聚酰亚胺（TPI），注塑温度很高，且流动性不好，无法将这种高性能材料直接注塑到化学腐蚀的金属件上，即使注塑上去，也没有黏结强度。通过黏合剂使塑料与金属彼此连接的作业称为黏合，黏合可使简单部件成为复杂完整的大件，以弥补单一材料的不足。

被黏合的物料表面力求清洁平整，但无需抛光，过于光滑的表面并不利于黏合，相反较为粗糙的更好黏合。由机械加工过的表面就已能满足黏合的要求。被黏合的表面上切忌存在油脂、水分、脱模剂或抛光剂，即使是微量的，都会降低黏结强度，甚至使黏结失败。

黏合时，随黏合剂的黏度和具体情况不同，可以在浸渍、涂刷、辊涂或刀刮等方法中选择适用的方法对被黏表面涂覆黏合剂。黏合剂应均匀涂覆在被黏表面上，并应保有适当的余量以免黏合后出现空隙。当涂有黏合剂的表面发黏时（一般约在涂后几秒钟到几分钟不等，取决于所用黏合剂的类型），应立即进行黏合，并用适当的夹具施加足够的压力以保证完善的接触，直到黏合处的强度已不会因解除压力而出现活动为止。如果夹持中所用压力过大，使被黏合的部件发生弯曲，则应在黏合剂没有完全变硬时进行纠正，否则黏合就不符合要求。黏合中，对黏合剂所析出的气体应做有效的排除，以保证安全、防止火险和制品不受溶剂蒸气侵害等。不同塑料与金属黏合常用黏合剂见表4-6。

表4-6　不同塑料与金属黏合的常用黏合剂

塑料种类	黏合剂种类
聚乙烯	天然橡胶
聚丙烯	天然橡胶
聚苯乙烯	酚甲醛-聚乙烯缩丁醛树脂
聚氯乙烯	聚酯树脂、氯丁橡胶、丁腈橡胶
聚四氟乙烯	间苯二酚-甲醛树脂、酚-间苯二酚甲醛树脂、环氧树脂
聚甲基丙烯酸甲酯	氯丁橡胶、丁腈橡胶
纤维素塑料	氯丁橡胶、丁腈橡胶
聚碳酸酯	环氧树脂
聚酰胺	环氧树脂、氯丁橡胶
聚甲醛	环氧树脂、丁腈橡胶
聚氨酯	丁腈橡胶、聚氨酯橡胶
聚对苯二甲酸乙二醇酯	聚酯树脂
环氧塑料	环氧树脂、酚甲醛-聚乙烯缩丁醛树脂
三聚氰胺甲醛塑料	丁腈橡胶
酚醛塑料	氯丁橡胶

续表

塑料种类	黏合剂种类
聚酯塑料	聚氨酯橡胶
脲甲醛塑料	氯丁橡胶、丁腈橡胶

塑料在包装领域应用广泛，可用于食品包装、电器产品包装、日用品包装等，通常需要对塑料包装进行彩色印刷，而作为食品包装还要进行多层复合或真空镀铝等工艺操作。因此，要求塑料表面能高，以利于印刷油墨、黏合剂或镀铝层与塑料牢固黏合。

塑料表面能取决于塑料本身的分子结构，一般塑料薄膜如聚烯烃薄膜(LDPE、LLDPE、PP）属于非极性聚合物，其表面自由能小，约为 $30dyn \cdot cm^{-1}$（$1dyn = 10^{-5}N$）。理论上，若物体的表面张力低于 $33dyn \cdot cm^{-1}$，普通的油墨或黏合剂就无法附着牢固，故需对其表面进行处理。聚酯类塑料[PET、PBT（聚对苯二甲酸丁二酯)、PEN（聚萘二甲酸乙二醇酯)、PETG（聚对苯二甲酸乙二醇酯-1,4-环己烷二甲醇酯）]属于极性高分子，其表面能高，表面张力在 $40dyn \cdot cm^{-1}$ 以上。但对于高速彩色印刷或为增加真空镀铝层与 BOPET 薄膜（双向拉伸聚酯薄膜）表面间的黏合力，还需对 BOPET 薄膜进行表面处理。

塑料薄膜表面处理方法包括：电晕处理法、化学处理法、机械打毛法、涂层法等，其中最常用的是电晕处理法。由于塑料表面能大小对塑料薄膜印刷性能、复合和镀铝强度等有重要影响，因此在进行印刷、复合或镀铝前，需测试塑料的表面能。

液体表面能可直接通过仪器设备测得，而塑料等固体表面能只能通过其他方法间接地计算获得。目前，测量固体表面能的方法主要有劈裂功法、颗粒沉降法、熔融外推法、溶解热法、薄膜浮选、vander Waals Lifshitz 理论以及接触角法等。其中，接触角法被认为是所有固体表面能测定方法中最直接、最有效的方法，这种方法本质上是基于描述固液气界面体系的杨氏方程计算方法。

三、实验仪器和材料

1. 仪器

HD-U805 光学接触角测量仪(图 4-3)、微量进样器。

2. 材料

PE 塑料薄膜、金属、水、甘油、二碘甲烷。

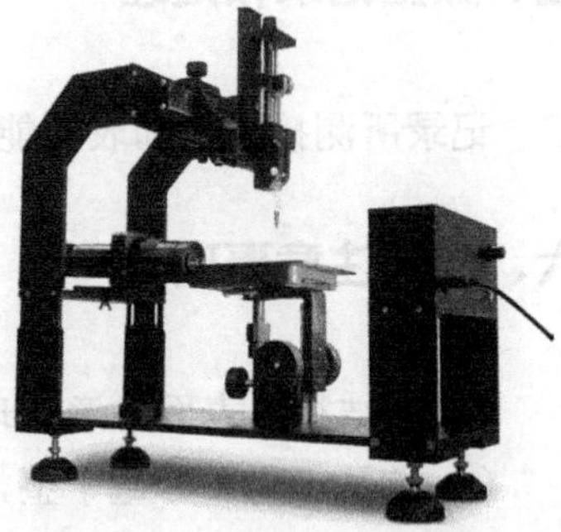

图 4-3 光学接触角测量仪

四、实验步骤

1. 金属与塑料的黏合

① 清理黏结材质表面的锈迹油污等，保证胶水黏结强度；

② 在金属需要进行黏结的位置均匀地涂抹胶水；

③ 将需要进行黏结的材质对黏在一起，并黏结压紧数秒使其固化定位。

2. 塑料表面能的测试

通常待测固体材料表面的粗糙度需控制在纳米级或纳米级以下，且要求表面化学均一性较高。此外，所选择的待测液体需遵循以下原则：液体的表面能应当大于待测固体的表面能；液体与待测固体之间无化学反应；液体无毒。

① 开机。将仪器插上电源，打开电脑，双击桌面上的应用程序进入主界面。点击界面右上角的活动图像按钮，这时可以看到摄像头拍摄的载物台上的图像。

② 调焦。将微量进样器固定在载物台上方，调整摄像头焦距到 0.7 倍（测小液滴接触角时通常调到 2～2.5 倍），然后旋转摄像头底座后面的旋钮，调节摄像头到载物台的距离，使图像最清晰。

③ 滴样。将塑料薄膜水平安装在样品台上，用微量进样器压出液体，测接触角一般用 0.6～1.0μL 的样品量最佳，旋转载物台底座的旋钮使得载物台慢慢上升，触碰悬挂在进样器下端的液滴后下降，使液滴留在固体平面上。

④ 冻结图像。点击界面右上角的冻结图像按钮，将画面固定，再点击 File 菜单中的 Save as 将图像保存在文件夹中。接样后要在 20s 内冻结图像。

⑤ 量角法。点击量角法按钮，进入量角法主界面，按开始键，打开之前保存的图像。这时图像上出现一个由两直线交叉 45°组成的测量尺，利用键盘上的 Z、X、Q、A 键，即左、右、上、下键调节测量尺的位置：首先使测量尺与液滴边缘相切，然后下移测量尺使交叉点位于液滴顶端，再利用键盘上“<”键和“>”键即左旋和右旋键旋转测量尺，使其与液滴左端相交，即得到接触角的数值。另外，也可以使测量尺与液滴右端相交，此时应用 180°减去所见的数值方为正确的接触角数值，多次测定取平均值。

⑥ 计算表面能。分别测试两种液体在塑料表面的接触角，通过系统自动计算固体的表面能。

五、数据记录和处理

记录所测接触角和表面能，分析黏结能力和表面能大小的影响因素。

六、实验注意事项

① 黏结材质表面注意清理，以免影响黏结强度。

② 样品一定要尽量平整，滴液处避免缺陷，形貌结构对测试结果有影响。固体表面微观粗糙会造成接触角滞后。

③ 滴液不能直接滴落在表面，这会导致接触表面的过度拓展，增加误差，应采取接触抽离的方法。

④ 尽量避免表面的污染，指纹、油污等都会对测试结果产生影响。

七、思考题

① 液体在固体表面的接触角与哪些因素有关？

② 本实验中，滴到固体表面的液滴大小对所测接触角读数是否有影响？为什么？